大数据
架构师指南

朱进云　陈　坚　王德政　编著

A GUIDE FOR
BIG DATA ARCHITECTS

清华大学出版社
北　京

图书在版编目(CIP)数据

大数据架构师指南/朱进云，陈坚，王德政　编著. —北京：清华大学出版社，2016(2018.5重印)
ISBN 978-7-302-43516-7

Ⅰ. ①大… Ⅱ. ①朱… ②陈… ③王… Ⅲ. ①数据处理—指南 Ⅳ. ①TP274-62

中国版本图书馆 CIP 数据核字(2016)第 079520 号

责任编辑：陈　莉　高　屾
封面设计：周晓亮
版式设计：方加青
责任校对：曹　阳
责任印制：李红英

出版发行：清华大学出版社
　　　　　网　　　址：http://www.tup.com.cn，http://www.wqbook.com
　　　　　地　　　址：北京清华大学学研大厦 A 座　　　　邮　　编：100084
　　　　　社 总 机：010-62770175　　　　　　　　　　邮　　购：010-62786544
　　　　　投稿与读者服务：010-62776969，c-service@tup.tsinghua.edu.cn
　　　　　质 量 反 馈：010-62772015，zhiliang@tup.tsinghua.edu.cn
印 装 者：清华大学印刷厂
经　　销：全国新华书店
开　　本：180mm×250mm　　　印　　张：18.25　　　字　　数：320 千字
版　　次：2016 年 6 月第 1 版　　　印　　次：2018 年 5 月第 7 次印刷
印　　数：12001～13000
定　　价：58.00 元

产品编号：065794-02

⫶⫶本书编委会⫶⫶

顾　问：赵先明

编委会成员：

朱进云　　陈　坚　　王德政　　申山宏　　张　强　　汪绍飞

牛家浩　　刘少麟　　洪　科　　梁　平　　薛清华　　郭海生

刘淑霞　　关　涛　　王利学　　李　敏　　周治中　　管　云

简　明　　艾红芳　　黄增建　　郭进良　　杨荣康

序一 :::: Preface One / / / / /

    这是一个数据爆发的时代，宽带化、移动互联网、物联网、智能终端的普及与人工智能的兴起，促使全球数据每两年翻一番，预计2020年全球数据规模将达到44ZB，较2013年将增长10倍。有资料报告，2013年全球数据的来源基本上是消费者、企业与政府各贡献1/3。按照用户数计算，在中国，无论是互联网用户还是移动互联网用户，无论是固网宽带用户还是移动宽带用户，其规模都已经是全球第一，中国的数据拥有量的潜力为全球之冠。IDC公司曾经指出，2013年中国在全球数据占比13%，预计2020年将上升到18%。

    拥有数据并不意味着坐拥金矿，数据的产生与存储还要付出成本代价，大数据只有通过数据分析与挖掘，发现知识和生成智慧才能创造价值。大数据挖掘的应用将总结事物发展规律，提升人类生产与管理活动的准确性，减少传统方式下的"试错"成本，进而提升社会的总生产效率。

    大数据的挖掘需要很多技术支持，反过来说也带动了海量存储、高效计算、深度学习、可视呈现等很多技术和学科的发展，它是当代信息技术的集中体现。大数据挖掘本身是产业，但其效益更多地反映在其应用到的社会管理和其他行业中，大数据之所以受重视正是因为其溢出效益明显，大数据将成为影响国家竞争力的重要因素。

    美国、英国、欧盟、日本和韩国等国政府越来越重视大数据所产生的价值，鼓励使用大数据以推动社会进步，支持政府数据的公共资源化，并发布促进大数据技术发展的政策纲要。2015年中国国务院发布《促进大数据发展行动纲要》，提出了五大目标、三大任务、十大工程以及七项政策，在国家层面推动大数据的应用与落地。大数据的挖掘应用正在引起各行各业的关注，成为"互联网+"行动的主要抓手，将发掘经济增长新动能。

    大数据的挖掘不仅需要技术，更需要人才，麦肯锡公司预测，到2018年美国对大数据深度分析人才的需求与实际可供给之间相差一倍以上。我国与发达国家相比更缺乏深度分析人才，尤其是大数据架构师。高校承担了培养人才的责任，但更需在实践中锻炼，为加速大数据架构师的成长过程，实用经验的传承十分重要。

中兴通讯对大数据的知识与工程经验进行系统性的概述，正好契合了当前大数据挖掘应用的浪潮，弥补了此类书籍的空白，为促进大数据技术的发展与应用提供了宝贵的经验。

中国工程院院士

中国互联网协会理事长

数据并不是一个新概念，几千年来我们一直在利用数据。但数据的价值，特别是大数据的价值，最近几年才成为公众关注的焦点，是有其时代背景的。

就如同石油在几千年前就被发现了，但是其用途一直是作为日常生活或战争中的燃料，并不是特别重要的战略物资。只有内燃机被发明后，石油才成为最重要的动力能源，在最近的一百年才成为战略物资。

数据也一样。传统的数据库技术，在数据处理的能力上都有很大的局限性，超过100T这个量级，要么是处理效率急剧降低，要么是系统成本上升到难以接受的昂贵程度。所以，在大数据时代之前，数据在生产系统中的使用目的往往是单一的、即时的。大量的历史数据与过程数据，按照当时的IT技术，既无法存储，更无法处理。那些被备份到磁带机上的数据，大部分都成为死亡的数据化石。

当前大数据处理的技术，特别是云存储与云计算技术的成熟应用，为大数据的存储与处理提供了技术可能性。企业可以利用生产系统以及管理系统中产生的大量数据，对海量的数据进行存储、挖掘分析。一方面可以对生产活动进行更为准确的预测与指导，从而提高企业生产活动的准确性；另一方面还可以通过对数据价值的挖掘，产生新的业务，帮助企业充分开发数据的价值。政府也可以利用大数据来提高管理水平和效率。

2014年Gartner发布的HypeCycle曲线中，大数据技术已经越过炒作顶点。从HypeCycle曲线来看，越过炒作顶点的技术，往往是已经满足技术可行性的技术。技术进展并辅以商业模式创新，大数据在部分细分市场已经具备商业可行性，可以为企业的现在与未来带来收益。

2015年8月国务院发布了《促进大数据发展行动纲要》，将大数据的应用与落地提升到国家层面。在这种背景下，当前大数据系统建设出现一波高潮。商业级的大数据系统建设周期长，复杂度高，资金投入量大，所以需要合理的系统架构以应对未来业务需求的变化。由于业界大数据系统的建设刚起步，当前阶段急需对相关的系统架构知识以及实际项目建设经验进行共享，提升业界的整体建设水平。

纵观当前业界大数据相关的书籍，偏重于两大类型。其一是偏重于大数据理念，描绘大数据前景，说明大数据可以有哪些应用；其二是偏重于大数据基础知识，偏重于实际的编程与开发。

但在大数据项目的实际建设过程中，架构师在进行端到端方案设计时，需要对大数据庞大的知识体系进行总揽性把握，并辅以实际项目的经验，才有可能把握此类系统的关键需求与要点。而此类的知识与经验，业界分享较少，只能通过各类交流活动才能获取，不仅费时费力，而且还很难将这些知识系统化。

中兴通讯作为业界知名企业，在大数据研发上投入大量资源，并具备丰富的实际工程经验。本书不仅针对大数据知识进行系统化概述，并且将实际大型项目的经验进行总结。这种无私分享的宝贵经验，正是业界所亟需的，对大数据从业者具备较好的参考价值。相信本书分享的知识与经验，对推动大数据应用与落地起到积极的促进作用。

中兴通讯股份有限公司总裁

前言 :::: Foreword //////

　　毫无疑问，这是属于大数据的时代。随着移动互联网的进步、自媒体的风行和物联网的兴起，信息传播技术和信息传播渠道得到极大发展，海量级甚至银河级的数据不断涌现，呈现出"信息爆炸"的态势。这种情况下，似乎我们获取信息变得更加容易和方便；而实际上，由于对个体有用的信息淹没在浩如烟海的无关信息中，获取"有用信息"反而变得更加困难。

　　大数据相关技术就是在这种情况下应运而生的。作为一门新兴技术，大数据技术被人熟知和掌握需要一个过程；同时，由于其始终处于一个高速发展的过程，对其认识也是不断修正提高的过程。

　　鉴于此，本书总结了中兴通讯大数据平台DAP团队对大数据技术的最新研究成果，结合中兴大数据平台在各行业的应用实践经验，旨在帮助读者建立系统化的大数据技术脉络，并针对业界一些似是而非的问题进行系统性的讲解与澄清。阅读完本书，读者就可以基本掌握大数据技术的系统架构和核心思想。

为何要写这本书

　　在大数据项目建设过程中，往往需要三个层次的知识。第一个层次是关于大数据是什么，能做什么等理念方面的知识；第二个层次是如果去端到端进行大数据方案设计，要厘清大数据方案所需的关注重点，并结合具体的实践案例进行说明；第三个层次是大数据相关的基础技术知识，例如，对HDFS、MR、SPARK等技术点的掌握。

　　第一个层次的书籍，业界已经有很多，其中以《大数据时代》为典型代表；第三个层次的书籍，业界也比较多，读者不难获得相关的学习材料。

　　但第二个层次的书籍，属于承上启下的层次。该层次的知识需要从实践中总结出经验与知识。由于大型项目的建设周期长，建设复杂度高，涉及面广，所以从大型项目的实践中总结出知识有较高的难度。鉴于此，市面上该层次的大数据书籍相对较少，大数据相关的从业者或建设者较难获得这方面的知识，往往只能通过各类交流活动获取这方面的知识，不仅费时费力，而且难以将这些知识系统化。

基于如上原因，我们感觉迫切需要将我们在大型项目中积累的经验总结出来，供业界同仁参考，同时，这也可以满足我们内部人员学习大数据相关知识的需求。

本书读者对象

如果您是IT市场营销人员，或者是企业IT主管，您可以直接阅读本书的第一部分与第三部分。通过对本书第一部分与第三部分的阅读，将帮助您建立起大数据技术概念和框架。如果您对具体的大数据技术不感兴趣，可以忽略掉第二部分纯技术的内容。

如果您是大数据技术人员，本书将会是一本较好的参考资料，有助于帮助您超越自己所从事的具体模块，将您的大数据知识体系系统化。

如果您是高校大数据相关课程的老师，由于本书较为系统，可以考虑将本书作为参考书或者教材。

如果您是大数据技术爱好者，也可以将本书作为泛读书籍，让您理解当前大数据的时代。当然，读者如果能具备一定的IT基础知识，将能够更好地汲取本书中的知识。这不仅有助于您快速理解大数据相关知识，也有助于启发您对特定专题的深入思考和独到分析。

本书特色

本书是首本系统化的方案实践方面书籍，系统化地阐述了大数据方案应该如何思考，以及大数据的技术基础知识，并辅以实际的案例进行说明。

以客户化的语言，描述大数据项目建设中应该重点考虑的问题。即使不是技术专家，也能很容易地理解本书第一部分的内容。

较为系统地阐述了大数据相关的体系，可以帮助读者迅速系统化大数据相关的知识。

结合实际的案例，总结在大数据建设实践中的经验与知识。

如何阅读本书

本书内容分为四大部分，不同的读者可以选择不同的内容进行阅读。

本书第一部分是"大数据架构师入门"，以虚构角色小明的视角，去理解大数据，理解客户的烦恼，并提出构建一个大数据系统时应该从哪些方面考虑。阅读完该部分后，读者将对大数据方案具备一定的"提问题"的能力。也就是说，如果您面前有一份大数据的建设方案，即使您以前对大数据了解甚少，也可以根据本书第3章的建议，去评判方案的完整性，评判方案的深度与广度。

本书第二部分是"大数据架构师基础"，本部分将较为系统地介绍大数据相关的基础知识。如图 I -1所示，逐个介绍基础支撑层、计算存储层、中间件层、挖掘分析/应用层、展现层各部分内容，同时，对贯穿各层的安全和管理两大模块的相关内容做介绍，力图为读者呈现一个相对完整的大数据知识架构。

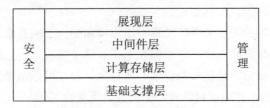

图 I -1　大数据技术框架

其中，计算存储层包括Hadoop架构、Spark架构、分析挖掘组件等内容；中间件层包括中间件的作用与意义，以及业界常用中间件及应用场景；展现层包括可视化相关的知识与内容；安全模块包括物理安全、主机安全、网络安全、数据安全等内容；管理模块包括自动部署、自动升级、自动巡检、自动维护等内容。

本书第三部分是"大数据架构师实践"，主要包括大数据开发实践中积累的一些经验，并结合案例进行阐述。这些实战中积累的知识与智慧，将帮助理论联系实践，更好地理解大数据技术。

本书第四部分是"大数据架构师拓展"，主要包括与大数据相关的其他技术。这些技术通常来说，并不属于大数据的技术范畴，但由于这些技术与大数据关系紧密，作为一名架构师，也需要系统地了解与思考这些相关的技术，才能对整个方案进行全局把握。该部分将试图对这些技术进行简单介绍，并试图说明这些技术与大数据之间的关系。

对于不需要关注具体技术的读者，则可以仅阅读第一部分"大数据架构师入门"；如果对具体的案例感兴趣，则可以阅读第三部分"大数据架构师实践"；如果是对技术感兴趣的读者，则可以阅读第二部分"大数据架构师基础"与第四部分"大数据架构师拓展"。

本书编写团队

大数据的知识非常广泛，不同层面的知识，以及不同技术模块的知识，很难由一个人完全掌握，所以本书是编写团队共同努力的成果。编写团队的成员都是在大数据领域担当重要工作岗位的技术骨干，大家在共同的理想与爱好下，聚集成一个团队，并为大数据架构师们完成了业界首本全面实践指导类的书籍。在此，请允许我列举参与编写的团队成员，并向他们致以诚挚的谢意。感谢他们牺牲周末与节假日的休息时间，为大家做的无私贡献。

团队成员包括：申山宏、梁平、薛清华、李敏、郭海生、杨荣康、牛家浩、刘少麟、管云、洪科、简明、张强、艾红芳、关涛、刘淑霞、郭进良、汪绍飞、周治中、王利学、黄增建。

勘误与支持

尽管我们尽了各种努力来保证文章不出错误，但由于编者水平有限，加上编写时间仓促，难免会有错讹之处。如果你在书中发现了错误，例如错别字、书写错误等，请告诉我们，我们将整理成勘误表。通过勘误表，可以帮助其他读者节省阅读时间，提高阅读体验，并可以帮助我们提供更高质量的下一版。

错误反馈请发送至邮箱zhou.zhizhong@zte.com.cn，或者关注"中兴大数据"微信公众号(微信号ZTE_BigData)并留言，我们将在第一时间确认反馈。勘误表可以在"中兴大数据"微信公众号上获取。

致谢

感谢中兴大数据平台DAP团队的所有成员，你们多年的潜心研究和积累是本书的基石。

感谢所有评审本书，并对本书提出过建议的朋友，你们的帮助对我们非常重要。

感谢关心本书的各界朋友，你们的关心与期望是我们的动力，更是对我们全心全意写好这本书的鞭策。

目录 :::: Contents //////

第一部分　大数据架构师入门

第1章　大数据概述　3

1.1　什么是大数据　4

1.2　大数据的本质　6

1.3　大数据技术当前状态　8

1.4　大数据的技术发展趋势　11

第2章　大数据项目常见场景　13

2.1　实验型部署场景　14

2.2　中小型部署场景　16

2.3　大型部署场景　19

第3章　大数据方案关键因素　23

3.1　数据存储规模与数据类型　24

3.2　数据来源与数据质量　25

3.3　业务特征　26

3.4　经济可行性　27

3.5　运维管理要求　28

3.6　安全性要求　29

3.7　部署要求　31

3.8　系统边界　32

3.9　约束条件　34

3.10　要点回顾　34

第二部分　大数据架构师基础

第4章　Hadoop基础组件　39

4.1　Hadoop简介　40

4.2　Hadoop版本演进　41

4.3　Hadoop2.0生态系统简介　42

4.4　Hadoop分布式文件系统
HDFS　43

4.5　Hadoop统一资源管理框架
YARN　48

4.6　Hadoop分布式计算框架
MapReduce　52

4.7　Hadoop分布式集群管理系统
ZooKeeper　57

第5章　Hadoop其他常用组件　61

5.1　Hadoop数据仓库工具Hive　62

5.2　Hadoop分布式数据库HBase　65

5.3　Hadoop实时流处理引擎
　　　Storm　70

5.4　Hadoop交互式查询引擎
　　　Impala　74

5.5　其他常用组件　78

第6章　Spark内存计算框架　83

6.1　内存计算与Spark　84

6.2　Spark的主要概念　86

6.3　Spark核心组件介绍　96

6.4　Spark与Hadoop之间的
　　　关系　100

6.5　要点回顾　104

第7章　大数据分析　105

7.1　数据时代　107

7.2　先进分析　109

7.3　架构与平台　112

7.4　数据分析流程　116

7.5　要点回顾　119

第8章　大数据中间件层　121

8.1　中间件层简介　122

8.2　中间件层产品介绍　123

8.3　中间件层的应用　137

8.4　中间件层的发展　140

8.5　要点回顾　144

第9章　可视化技术　145

9.1　可视化技术引言　146

9.2　什么是数据可视化　147

9.3　数据可视化设计　151

9.4　数据可视化的发展趋势　160

9.5　要点回顾　161

第10章　大数据安全　163

10.1　安全体系　164

10.2　大数据系统安全　168

10.3　要点回顾　180

第11章　大数据管理　181

11.1　数据管理的范围和定义　182

11.2　开源软件的管理能力　183

11.3　ZTE中兴大数据管理框架　187

11.4　大数据管理展望　192

11.5　要点回顾　192

第三部分　大数据架构师实践

第12章　大数据项目实践　195

12.1　大数据项目架构关键
　　　步骤　197

12.2　架构师实践思考　209

第13章　大数据部署实践　213

13.1　中兴通讯DAP大数据平台
　　　功能和架构　214

13.2　DAP平台特点　215

13.3　某银行成功案例　216

第四部分　大数据架构师拓展

第14章　分布式系统与大数据的
关系　225

14.1　分布式系统概述　226

14.2　分布式系统关键协议和算法
　　　概述　233

14.3　分布式系统和大数据　237

第15章　数据库系统与大数据的
关系　241

15.1　数据库系统的历史　242

15.2　各类系统求同存异　254

15.3　数据库的发展展望　255

第16章　云计算与大数据的关系　257

16.1　虚拟化概述　258

16.2　OpenStack云管理架构
　　　实现　263

16.3　大数据基于云计算IAAS(包括
　　　Docker)部署的探讨　270

后记　273

第一部分

大数据架构师入门

A GUIDE FOR
BIG DATA ARCHITECTS

第 1 章

大数据概述

故事是这样的，在英语课本中伴随我们成长的小明，中学毕业后考上了大学名校，"day day up"地苦修7年计算机、IT以及大数据知识后，终于成长为大数据咨询师。

记得那是明媚的春天，小明愉快地遨游在大数据一望无际的知识海洋里，春风十里不如大数据。忽然电话铃响了，电话那头传来Boss低沉的声音："小明，请到我办公室来一趟。"

十里的春风，忽然变幻成浓郁的雾霾。小明走三步停一步，终于走到Boss面前。"国务院2015年8月31日已经印发了《促进大数据发展行动纲要》，你为啥到现在都没有向我报告？给你三天时间，给我说说，什么是大数据？大数据可以干啥？未来的技术方向是啥？"

小明熬了三天三夜，终于将业界关于大数据的科普知识整理出了一份报告，趁着早上Boss还没有来上班，悄悄地将报告放在Boss办公桌上。

1.1　什么是大数据

大数据，英文为Big Data。这个如今耳熟能详的名字，是《自然》(*Nature*)杂志于2008年9月4日的专辑"Big Data"中首次提出的。

Google在其推动世界范围内的信息整合过程中，极大地推动了大数据技术的创新和发展。

然而，到底什么是大数据？它的概念和外延包括哪些？由于大数据是最近新衍生出来的概念，它的内涵和外延也在不断地拓展和变化着，目前还没有一个业界广泛采纳的明确定义。

2011年6月，麦肯锡全球研究院(MGI)在它的报告《大数据：创新、竞争和生产力的下一个前沿领域》中这样描述：大数据是指无法用传统数据库软件工具对其内容进行抓取、管理和处理的大体量数据集合("Big data" refers to datasets whose size is beyond the ability of typical database software tools to capture，store，manage，and analyze)。

几乎同时，IDC(International Data Corporation)在它编制的年度数字宇宙研究报告《从混沌中提取价值》(*Extracting Value from Chaos*)中给大数据下了一个定义：大数据技术是新一代的技术与架构，它被设计用于在成本可承受(economically)的条件下，通过非常快速(velocity)的采集、发现和分析，从大体量(volumes)、多类别(variety)的数据中提取价值(value)(Big data technologies describe a new generation of technologies and architectures，designed to economically extract value from very large volumes of a wide variety of data，by enabling high-velocity capture，discovery，and/or analysis)。

IDC的定义描述了大数据时代的四大特征，即俗称的4V，而这4V(volumes、velocity、variety、value)也被广泛地认可为大数据的最基本内涵。

(1) 海量化(volumes)

数据体量巨大是大数据的首要特征，也是大家最容易发现的特征。全球数据正以前所未有的速度增长着，每天都有数以百万兆字节的数据在互联网上产生。据估计，全球可统计的数据存储量在2011年约为1.8ZB，2015年超过8ZB。数据的爆炸式增长引发了数据存储和处理的危机。

(2) 多样化(variety)

数据类型的日趋繁多是大数据的另一个特征。传统的数据可以用二维表的形式存储在数据库中，我们称之为结构化数据。但随着互联网多媒体应用的兴起，图片、声音和视频等非结构化数据成为了数据的主要组成部分，统计显示，目前全世界非结构化数据已占数据总量的90%左右。如何有效地处理非结构化数据，并挖掘出其中蕴含的商业价值和经济社会价值，是大数据技术要解决的问题。

(3) 快速化(velocity)

快速处理是大数据必须满足的要求。经济全球化形势下，企业面临的竞争环境越来越严酷。在此情况下，如何及时把握市场动态，深入洞察行业、市场、消费者的需求，并快速、合理地制定经营策略，就成为企业生死存亡的关键。而对大数据的快速处理分析，是实现这一目标的前提。

(4) 价值化(value)

大数据蕴含的整体价值是巨大的，但是由于干扰信息多，导致其价值密度低，这是大数据在价值维度的两个特征。挖掘出大数据的有用价值并加以利用，是数据拥有者的自然目标。但市场形势瞬息万变，因此，如何在海量的、多样化的、低价值密度的数据中快速挖掘出其蕴含的有用价值，是大数据技术的使命。

虽然后续不断有人增加对"V"的理解，如veracity(真实和准确)，强调真实而准确的数据才能让对数据的管控和治理真正有意义；如vitality(动态性)，强调数据体系的动态性等。这些对大数据的内涵都有一定的推动作用，但都不及开始的4V具有广泛性。

1.2 大数据的本质

所有技术的发展都是为社会进步服务的，大数据技术也不例外。但是，大数据技术对社会生产的促进作用是变革性甚至是颠覆性的。

"大数据商业应用第一人" Viktor Mayer-Schönberger在其著作《大数据时代》中，前瞻性地指出，大数据正在变革我们的生活、工作和思维。大数据开启了一次重大的时代转型，为我们带来了思维变革、商业变革和管理变革。其中最重要的三个思维变革颠覆了千百年来人类的思维惯例，对人类的认知和与世界交流的方式提出了全新的挑战。

(1) 全样本

我们将使用更多的数据甚至是全部数据来进行分析，而不再采用随机样本。从可能性角度，当前的技术能力已经可以支撑海量数据的处理；从必要性角度，有时候数据分析的目的就是要发现大量正常数据中的少数异常情况，例如跨境汇款中的异常交易，这无法通过采样分析获得。

(2) 概率化

我们将不再沉迷于精确性，而是允许劣质数据混杂其中。大数据时代不可能实现精确，反之用概率来表示事物发展的大方向，混杂性变成了一种标准途径。

(3) 相关性

我们将更关心相关关系，因果关系被放到次要的位置。在很多场景下，"是什么"比"为什么"对决策的帮助更大，可以在快速变化的环境中帮助你先发一步。

甚至，在一些不知道"为什么"的场景下，知道"是什么"反而有助于人们取得发现"为什么"的突破。

基于这种思维发展起来的大数据技术，具有以往的各种技术不具备的准确性和实时性优势，当它应用到社会各行业生产中时，对社会生产效率的提升是异常显著的。

很多人对于大数据应用的认识，都始于Google对于流行性疾病的成功预测。Google利用当前人们喜欢上网搜索解决方案(如搜索流感症状或者治疗药物)的习惯，找出了对应时段内某些特定字段的搜索频率与美国疾控中心历史记录中某些流行性疾病在空间和时间上的相关性，并据此而建立了一个数学模型。利用这个数学模型，Google成功预测了2009年H1N1流感的发展过程。

而这个成功应用带来的振奋远不止如此。首先，作为一家互联网公司，Google在与其毫无关联的医学专业领域获得了成功；更重要的是，它的预测在准确性特别是实时性方面，远远超过专业的美国疾控中心。

于是，更多的人在更多的行业开始了大数据应用尝试。

在零售业：梅西百货(Macys)已经实现对多达7300万种货品进行实时调价，以实现销量和利润的双重最大化；塔吉特(Target)公司通过对用户历史消费记录的大数据分析，实现对用户下一阶段消费行为的预测，从而实现精准投放。

在博彩业：Tipp24 AG公司用KXEN软件来分析数十亿计的交易以及客户的特性，然后通过预测模型对特定用户进行动态的营销活动。这项举措减少了90%的预测模型构建时间。

在通信业：中兴通讯创新性地提出了基于大数据技术的电信系统反馈环理念，让电信网络作为一个整体获得实时的系统反馈，从而使网络性能更加稳定，网络运维更加高效；而全球120家运营商中，已经有48%的企业正在实施大数据战略，通过提高数据分析能力，他们正试图打造着全新的商业生态圈，实现从电信网络运营商(Telecom)到信息运营商(Infocom)的华丽转身。

在金融业：阿里通过对用户消费习惯的大数据分析，已经可以将余额宝第二天的赎回规模的预测准确率保持在97%以上，连"双十一"等大促销造成的大规模资金流动也不例外；中信银行与中兴通讯大数据平台强强联合，打造一个全新的"数据银行"，利用金融大数据更科学地实现加强风险管控、精细化管理、业务创新等业务转型。

在公共管理行业：中兴通讯为2014南京青奥会打造的"环宁护城河"项目，将各种警务数据在大数据平台上集中处理，从时间和空间两个维度进行实时统计和展现，为青奥安保工作部署提供科学的决策依据。

越来越多的实践证明，大数据运用可以为各个行业带来巨大的收益。

麦肯锡在它的报告中，根据各行业利用大数据技术获取利益的潜力，将各个行业分为5个组别。

(1) 计算机和电子产品及信息行业必然能够从大数据中获取巨大利益，该行业本身就有巨大的信息池且具有快速创新的特点，与大数据天然吻合。

(2) 社会公共管理及金融业则需要通过细分和自动化算法来克服技术障碍，从而大为受益。

(3) 建筑、教育服务、艺术和娱乐等行业则面临着获取海量数据价值的系统障碍。当然，如果这些障碍是可以克服的，则也可以从大数据中获益。

(4) 制造业、批发贸易等行业全球交易程度高，如果能够克服数据和技术上的障碍，则从行业普遍意义上讲获益巨大，但面临的困难同样不小。

(5) 零售、医疗、住宿和食物等本地服务行业全球交易程度低，则从行业普遍意义上讲，从大数据中获取价值的潜力相对较小。

1.3　大数据技术当前状态[①]

随着大数据在各个行业的广泛应用，各个行业在得到大数据带来的收益的同时，也在推动着大数据技术的飞速发展。

不同的行业有着不同的业务特征，进而也有不同的需求。如何满足这些不断涌现的需求，成为推动大数据技术发展的动力。

1. 零售行业

(1) 业务特征

零售行业同类产品的差异小，可替代性强，提高销售收入离不开出色的购物体

---

① 本节行业分析内容改写自《大数据生命周期全景与产业发展IADP模型研究(赛迪顾问)》，改写方式：缩写。

验和客户服务。同时，零售行业需要增强产品流转率，实现快速营销。

(2) 需求分析

提升客户购物体验的一个关键途径是精准营销，而精准营销的核心是用户消费行为分析，即用户识别。这个过程涉及消费历史记录、电话/WEB/电子邮件等数据中折射出的用户消费习惯识别。

快速营销的分析和决策基于对产品产、销、存及物流各个环节的大数据分析，涉及条码技术、标签技术、全息扫描技术、RF技术等技术。

2. 互联网行业

(1) 业务特征

互联网行业主要特征之一是数据量呈爆炸性增长，数据结构类型日趋复杂。各种类型的信息和数据都呈现爆炸式地增长。全球90%的数据都是在过去两年中生成的。在未来几年，数字信息会呈现更加惊人的增长，预计到2020年，信息和数据总量将增长44倍。

另一个特征是用户行为丰富，WEB社群关系复杂。互联网已经不再是单纯地浏览网页信息，互动已经成为主要方式。用户行为和网络中的社会群体变得更加多样化、复杂化。

(2) 需求分析

用户粘性对于互联网公司来说是至关重要的测评指标。而从爆炸性增长的数据和复杂的用户行为中，提取有价值的信息，分析用户行为，建立用户模型，来提高用户体验、增加用户粘性，是大数据技术发展的挑战和动力。

3. 电信行业

(1) 业务特征

数据量激增，保存时间长。近些年，由于无线上网和智能手机的推广，导致电信行业数据量呈现爆炸性增长。从全球移动网络中语音和数据流量的状况来看，2009年末，数据流量超过了语音流量，到2011年数据流量已经超过语音流量的两倍。根据研究预测，到2015年全球移动数据流量将比2010年上升26倍。电信行业不仅仅数据量大，而且保存时间长，一般电信行业要求数据保存2年6个月。

受众群体大，市场饱和度高。电信业务已经是人们生活中的必需品，用户数量非常巨大，整体市场饱和度高。

(2) 需求分析

一方面，流量和用户的激增，给现有网络带来了巨大的压力。如何保持现有网络的稳定高效运转，成为各大运营商首先需要考虑的问题。而大数据技术能解决这一问题，例如中兴通讯提出的"基于大数据技术的电信系统反馈环理念"。

另一方面，运营商面临着从业务提供者到管道提供者的转变。如何在这个转变过程中，高效、合理地优化网络建设，同时能够发现潜在的信息应用需求并转变为商业价值，也需要大数据技术的支撑。

4. 金融行业

(1) 业务特征

金融业有着数据池积累巨大的天然优势，但同时如何挖掘数据价值也成为挑战。另外，金融业是高风险行业，有着其他行业不可比拟的安全性要求。

(2) 需求分析

从大量数据中挖掘有价值的信息，并将其作为判断的依据，及时准确地进行金融智能决策，是金融业迫切的需求。

金融业对安全的苛刻要求，成为大数据技术的挑战。

5. 交通行业

(1) 业务特征

1) 数据量大，数据类型多。随着车辆保有量的不断攀升，交通综合监控呈多维、立体化趋势，数据分析面对的是文本、语音、图片、视频等多种类型数据的飞速增长。

2) 实时性要求高。交通系统受很多因素的影响，时间、天气、路况、突发事件等都让交通状况产生突然并且累积性的变化。

(2) 需求分析

面对多种类型的海量数据加上极高的实时性要求，大数据技术需要在存储、计算、分析、处理等方面表现出超强的性能，才能满足对瞬息万变的交通状况进行及时调度和快速响应的要求。

1.4 大数据的技术发展趋势

随着大数据技术的发展，IT相关系统也正发生着变革。系统的硬件设计、软件设计，甚至商业部署都开始以数据为中心。也正是在这些实践和应用中，发现痛点并解决痛点的过程和探索，反过来推动大数据技术的发展。

从技术层面讲，以下几个方面将是大数据的热点。

(1) 硬件对架构的冲击

大数据对性能的要求非常高，而硬件的变化对性能会产生直接而巨大的影响，因此当硬件提升时，会推动大数据系统架构的变革，以达到充分利用硬件、大幅度提升性能的目的。

例如，下一代非易失内存(NVRAM) 的性能接近DRAM(最短延迟为DRAM的2～3倍)，这将对文件系统为主的存储架构产生巨大影响；同时，远程直接数据存取(RDMA)可将NVRAM连接成PB级(或更大)资源池，实现更简洁的内存计算，这将促进内存计算发展。

而针对数据的不同场景的专用硬件，将直接改变对应的系统架构。例如，对于很少使用的大容量数据，可以开发高密度/低IO/低功耗的低成本存储。

当大数据系统部署在云/虚拟化系统上时，系统架构需要考虑：存储部署在虚拟机上时，如何保证高IO需求；MR等计算框架，采用移动计算到数据侧的模式，其计算资源如何虚拟化，等等。

(2) 计算框架

随着大数据应用逐渐广泛，单一的计算框架已经无法满足需求。2014年图灵奖获得者Stonebraker认为：一刀切(one size fits all)的数据处理架构将寿终正寝，在流处理、数据仓库、数据库和科学数据库等方面会出现专用化引擎。

SPARK在持续走热，也揭示了从单一的MapReduce计算框架逐渐演变为多种计算框架并存的趋势。未来的计算框架将以通用计算框架为主(SPARK很可能成为主流)，在特殊场景下辅以较为专业的计算框架。

(3) 数据封装的中间件

实现数据的封装，是生态型平台必须具备的功能。大数据中间件层就是实现这一功能的组件。它位于应用层与底层数据库之间，屏蔽掉底层传统数据库、MPP、

Hadoop等数据存储的差异，同时为上层应用提供统一的开发接口，让应用层无须考虑底层的实现。

在从传统架构向大数据架构演进的过程中，多技术混搭是现实的需求，而大数据中间件层使得混搭方案成为可能。

(4) 非结构化数据处理

在今天的互联网数据中，结构化数据仅仅占到10%，非结构化数据成为最重要的源数据。非结构数据通常有音频/视频、文本、特定行业数据(如电信信令)等。对音频/视频数据的分析，已经有较为成熟的分析软件；对于特定行业数据，业内相关公司已经开始探索，如中兴通讯对电信信令的大数据分析；而文本分析也是最近在开源社区较为活跃的话题，通过和不同行业的结合，可以产生较多衍生应用。

(5) 智慧发现

学习可以分为数据、信息、知识、智慧4个层次，其中，智慧发现在未来很重要。在智慧发现领域，人工智能与大数据有较多的交叉重叠，其中深度学习是一个热点。深度学习是通过构建具有很多层的学习模型和海量的训练数据，来学习更有用的特征。

(6) 可视化

只有能被人类所理解的数据，才是有价值的数据；而可视化是最直观、最容易被理解的展示方式。

并不是只有传统的结构化数据可以可视化，操作、流程、信息等，一切皆可可视化。当前可视化技术呈现如下三个趋势。

1) 扁平化，即放弃一切装饰效果，所有界面元素的边界都干净利落，更加简单直接地将事物的工作方式展示出来，减少认知障碍的产生。同时，扁平化设计更简约，可以保证在所有的屏幕尺寸上都有相同的展示效果。

2) 动态化、可交互，即动态图形的表现力更丰富；通过界面的拖拽、点击、放大缩小，即可完成条件选择和切换。采用更少的菜单和更少的对话框，而不用复杂的条件选择对话框。

3) 多维度、多图联动，即通过多张图从不同维度展示同一个东西，即可在交互时，通过操作一张图引起其他相关图的联动，并且可以同时获得更多的信息。

第 2 章

大数据项目常见场景

又是一个风和日丽的下午，Boss将小明叫到办公室，办公桌上是一份A大学的某大数据咨询项目的case，Boss说："上次的大数据报告写的不错，后生可畏啊！这里有个case，正好让你实战一下。"

2.1 实验型部署场景

2.1.1 背景介绍

A大学是国内知名大学，其计算机科学与应用数学都是国内学科的翘楚，该校毕业生很多都进入相关研究机构或国际著名IT企业任职。

随着大数据技术与应用的蓬勃发展以及国家大数据发展战略在学科建设上的深入落实，A大学决定抓住该历史机遇，充分发挥其学科优势，在大数据分析领域培养出新的优势学科。因此，A大学推动计算机科学系与应用数学系成立一个跨学科联合实验室，该实验室(后文统称大数据科学实验室)紧密结合社会需求，响应时代呼唤，定位于培养能够适应时代要求的大数据人才。

2.1.2 面临的问题

大数据科学实验室作为计算机科学系与应用数学系的联合实验室，承担了两个系在计算机科学与应用数学方向上的本科、研究生教学任务。与此同时，应用数学上的很多科学研究任务需要使用大量的计算资源进行数据分析，也需要使用大数据科学实验室的设备。

而这两个学科方向以及不同类型的教学、科研任务对大数据科学实验室的设备有竞争关系，有时相互间甚至有冲突，影响了各项任务的顺利进行。如计算机科学的本科教学大纲中有实验课程，安排本科生动手搭建基本的Hadoop环境并在此基础上开发简单的分析应用，而应用数学研究需要大量的计算资源对海量数据进行机器学习模型训练，这两种任务之间就有明显的竞争关系。甚至经常因为机器分配和人员操作失误将运行了数百个CPU时间的模型训练任务意外关闭，这又进一步加剧了问题的严重性。

虽然有一笔资金可用于购买设备，但预算并不充分，对于如何配置软硬件产生了分歧。

一方面预算有限，另一方面又想以最高的性价比获得尽量多的计算和存储能力，甚至要有不受限制的节点数量，这真是愁坏了实验室主任，只能求助于专业的大数据咨询师。

2.1.3 需求分析

小明与几位实验室老师和学生坐下来聊了聊发现，大数据科学实验室开展的实验包括以下几部分。

(1) 教学实验：安装大数据环境，在此基础上设计并运行简单的分析应用，这部分应用对存储和计算资源的要求比较低。

(2) 新架构研究与实验：对大数据存储、计算架构进行实验研究，并通过大量的压力测试对架构性能进行评估和改进，这部分应用对存储和计算资源要求一般都比较高。

(3) 机器学习研究实验：训练机器学习模型，包括神经网络模型、统计模型、图模型等，主要是计算密集型的批处理应用。

小明还了解到由于实验室成立时间短，实验室设备虽然安排了专人管理，但缺乏管理工具的支持，仅通过机器密码实现简单的安全管理。

实验室设备构成复杂，既有高性能服务器，又有老式桌面机，而且各类实验对计算资源占用率不同，因此通过管理员人工对设备资源进行调度效果不佳。

因为各类实验对计算资源的消耗差异很大，有些实验严重浪费了宝贵的计算资源。

实验所用数据都是可公开获得的开放数据，对数据安全性要求不高，各数据集的规模大小不同，但均不超过GB。

经过上述摸底，小明对问题胸有成竹，这是计算密集型、存储规模小、数据安全性要求低又相对封闭的系统。

小明很快给出咨询建议：使用廉价的PC服务器+虚拟化解决方案+开源全栈式数据分析平台。PC服务器就能满足存储需求，同时也能获得不错的计算能力。采用虚拟化方案提高机器的利用率，同时减少实验间的干扰。开源全栈式数据分析平台更是能够将神经网络模型、统计模型、图模型的运算统一在一个计算框架下。

小明回到单位很快完成了咨询报告的撰写并提交到老板邮箱，第一个咨询项目大功告成！

2.2　中小型部署场景

第二天电话里又传来Boss低沉的声音："小明马上到我办公室来一下！"小明原本欢乐的心脏顿时咯噔一声，难道报告Boss不满意？小明忐忑地迈进Boss办公室，没想到Boss拍着小明的肩膀说："最近干得不错，上个case客户很满意，我这里还有一个case，我看好你哟！"

小明从Boss手中拿到case材料，看着眼熟，不是上周在网上大搞营销的那个B公司嘛，他们的产品设计新颖，用户口碑还挺不错的。小明明白，Boss这是在向他委以重任，于是小明立刻向Boss立下军令状，签下任务承诺书。

2.2.1　背景介绍

小明回到办公位立刻对B公司进行了全方位搜索，B公司是行业新玩家，但是凭借自己在用户体验方面的独门绝技，很快站稳了脚跟，并且拥有了忠实的客户群。B公司虽然员工规模不大，但业务发展异常迅猛，正向行业领头羊地位发起总攻。

小明对B公司做了360度调查后，拨通B公司电话说明来电意图，并约定当面拜访B公司进行现场调研。

B公司老总接待了小明，并向小明介绍了咨询目的。B公司是一家新创立的企业，其最初的企业定位就是以极致的用户体验与客户参与为差异化竞争点，通过微信、论坛、问答网站等各种渠道建立起与用户的密切联系与紧密互动，直接将客户声音融入产品开发流程，提升客户的参与度与粘度，提高产品的用户体验。同时B公司特别重视市场分析与品牌战略，将量化的市场分析融入决策流程，所有重要决策都要有数据支撑，并且不遗余力地进行品牌建设，打造科技、时尚的企业形象。这种独特的竞争策略取得了巨大的成功，使得B公司业务规模持续保持高速增长。

老总还邀请小明参观了客服中心，安排小明参加了某产品开发团队、市场分析团队的例会，并与团队成员进行了面对面交谈，还邀请小明参加了一个产品的策划会。小明确实感受到这是一家朝气蓬勃的公司，虽然工作压力很大，但每位员工都清楚地知道自己的责任并为之奋斗。

2.2.2　面临的问题

在B公司开发团队例会和产品策划会上，小明发现各种各样的数据、图表是团队做决策的重要依据。而这些报表都是由市场分析团队综合网络、呼叫中心等各种用户沟通渠道反馈的用户需求，以及各类竞争厂商相关竞情信息，进行深入分析得到的深度洞察，B公司虽然年轻，但却有一个能准确把握客户需求与竞情事态的分析团队。B公司处于业务的快速增长期，对数据分析的需求也持续增长，但合格的数据分析师短缺的问题却很难在短期内通过招聘和内部培养解决。小明在与分析团队沟通中了解到，B公司信息化程度处于初级水平，信息的采集需要分析人员人工进行，耗时费力。而数据分析与可视化主要依赖Excel表格，而Excel模版开发的周期长，响应市场、开发团队的需求变化不灵活，随着产品线的扩大，新的分析需求不断涌现，而用户的增长也使得数据量急剧上升，传统的方式已经逐渐不能应对新的形势。因为采用人工采集的方式，因此原始数据格式不一，保存归档也没有工具支撑，导致数据的重用性差。分析团队迫切地**需要自动化数据采集、清洗与预处理流程，并且需要更加高效的数据分析与可视化工具。**

同样面临人手缺乏问题的还有客服团队，随着客户群的快速增长，客服团队虽然一再扩充，仍然难以满足实际需求，而场地、成本等其他因素也制约了客服团队进一步的扩大。小明参观客服中心时了解到客服系统虽然实现了统一通信，建立了客户资料数据库，但用户问题的解答全部依赖话务员经验，并且每次客户沟通都要客服人员手工录入客户资料数据库，进一步加大了话务员的工作压力。与此同时，虽然花费巨大力气建立了客户资料数据库，但却没有充分地发挥出其作用。客服团队**迫切需要一个智能机器人**帮助自动回答一些常见问题，并能够自动地补充客户资料数据库，以减轻话务员的压力。

B公司老总是典型的精英人才，关于信息化和数据分析都有更深入的思考，考虑到公司未来几年可预期的高速增长，老总希望能够高起点地搭建一套大数据系统，将数据的采集、清洗、预处理、存储、分析自动化，重构现有的应用。同时**基于大数据平台和累积的用户数据、问答数据和各类实时数据，以构建全新的用户画像系统为核心**，依此构建舆情监控、自动问答、客户关怀等上层应用。投资预算相对宽松。

完成对客户的拜访，小明带着调研资料回到公司，马上投入到紧张的需求分析中。

2.2.3　需求分析

从调研可见，B公司现有业务系统比较简单，若将现有业务全部迁移到新系统中重新实现，则系统的设计受历史因素约束少，在预算宽裕的前提下，系统架构可以主要基于当前和未来的业务需求进行设计。

从调研结果看，B公司的需求涉及数据的采集、清洗、预处理、存储与分析计算几个方面，所需实现的业务都是BI、用户画像、知识体系、知识管理、舆情监控、问答系统等非关键型业务。数据规模中等，对计算能力、实时性、高可用性、冗余备份的要求都不太苛刻。但因为涉及的都是公司核心数据，因此对数据安全性要求很高。

数据来自外部的互联网、社交网络和内部的呼叫中心等多个渠道，除历史数据统一迁移外，数据主要以增量的方式积累，需要相应的数据采集接口，且由于数据来源的多样性导致数据形式与质量不一，需要一套完善的ETL系统管理数据的接入、清洗与预处理。

原始数据很大一部分是语音、文字等非结构化类型的数据，需要采用相应的自然语言处理技术进行处理和分析，这类应用主要是以流式应用为主。结构化的数据主要用来做决策支持，需要搭建数据仓库和相应BI系统，这类应用主要以批处理和交互式应用为主。

B公司前期没有专门的机房和专业IT管理员，机房工程设计与施工能力缺失，在需要部署和运维中等规模大数据集群的前提下，需要采用turn-key交付方式。在预算充足的情况下，为减轻对IT管理的压力，应尽量选择成熟、功能完善的大数据平台管理系统。

B公司对本次上大数据非常重视，成立了以老总为第一负责人的领导小组，但B公司整体的IT能力较欠缺，需要抽取骨干人员尽早接受专业培训，并且直接参与大数据建设工作。随着数据分析工具的变化，分析团队也应抽取骨干人员尽早接受新工具的培训和使用。

中兴通讯大数据平台DAP是经过大量实践检验的、成熟的大数据平台，能够提供完善的ETL、存储、流分析、批处理分析、管理、安全和技术支持能力，并且有强大而富有经验的工程服务团队，同时能够提供IT运维管理、大数据分析工具等全方位的培训服务。因此，在预算充分的情况下，小明觉得硬件采用商用服务器，软件采用DAP大数据平台的方案是一个不错的选择。

连续奋战了一个昼夜，小明终于制定出来一套基于DAP的详细技术方案并交到Boss案头。Boss看了小明的方案，大加赞赏，将小明提升为团队主管。

2.3　大型部署场景

Boss将团队交给小明带领的同时，又给了小明另一个更大的挑战。

这次拿到的任务让小明格外兴奋，这是一家著名的国际化大公司C公司，希望采用大数据技术重构整合自己的业务系统，当前阶段虽然项目目标并不算明晰，但公司已经准备了过亿元人民币的预算规模。

能够为C公司量身定制一套大数据方案无疑是业内所有架构师的梦想，当然其中的挑战也是毋庸置疑的。如此难得的机遇，像鞭子一样鞭策着小明，促使小明立马向Boss表态：保证带领团队完成任务！

小明立即召集团队人员展开专题研究。首先与客户领导建立联合工作机制，收集和理解客户的需求，反馈需要求助的问题，协调项目整体进展；其次与客户各部门IT运维人员联系，摸清企业的数据视图与业务流程；最后，在前面工作的基础上，与客户各部门的业务人员一起制订业务的开发与交割方案。

2.3.1　背景介绍

C公司拥有长期的信息化建设历史和富有经验的IT管理团队，其系统信息化水平较高，各种类型的生产系统已经在公司运行多年，并积累了海量的历史数据。在大数据不断重塑互联网行业，并不断向各种传统行业渗透的浪潮下，C公司也希望引入大数据相关的技术，为公司开拓新的价值增长点。

为保障项目成功实施，C公司也组建以首席技术官(CTO)为总负责人、以各业务部门主管为成员的专项小组。小明带领团队入驻C公司后立即进入专项小组，并将各团队派驻到相关部门开展摸底调研。

2.3.2　面临的问题

作为公司高层领导，C公司CTO也深知当前存在的诸多问题，如业务系统新老并存，部门墙导致数据分散无法充分利用。C公司对于大数据虽然有总体的目标，但如何让项目满足经济可行性并最终落地，尚有较多的困惑。其中主要集中在如下两个方面：

(1) 大数据系统与现有生产系统之间是怎样的关系？采用何种方式获取数据？

(2) 利用大数据技术构建何种业务应用？如何证明这些业务应用产生了经济效益，而不仅仅是在消耗公司宝贵的资源？

2.3.3　需求分析

小明深知对于这类项目，**数据集成**是其成功的必要条件，而将原本分散在不同的业务系统中的数据清洗、集成到统一的大数据仓库，再借助大数据平台强大的分析能力，无疑可以极大地提升数据的可用性和价值，把原本沉睡在各部门数据库中孤立的、无法利用的包袱转化为有价值产出的金矿。

基于大数据仓库海量的存储能力能够提供的企业数据视角，结合大数据分析能力，企业可以做到对外部市场和内部运营状况的深度洞察，通过数据分析与指标的量化，提高企业运行的透明度，进而提高支撑决策的精确性与科学性，是未来提高企业竞争力的核心。

企业现有的应用系统基于的技术与平台复杂多样，甚至存在很多早已过时的技术与架构，且各种应用间数据交互与共享方式异常复杂，导致整个系统的维护成本很高。而且由于各个应用系统都是独立建设的，独享硬件资源而无法实现设备资源共享，也带来了大量的资源浪费，使用成本居高不下。如果能够基于大数据平台逐渐地将这些应用迁移过来，统一在一套大框架下，借助大数据平台先进的技术架构和能力，无疑可以极大降低后续使用与维护成本。

通过与团队成员的大量讨论，小明很快制订出了以数据集成和应用迁移为核心的宏大的大数据实施方案。当小明满怀信心地将方案提交给客户后，该方案却得到C公司CTO与各部门主管的一致反对。

经过短暂的震惊后，小明马上做出调整，分别与CTO和部门主管们进行深度交流。认识到老的业务系统虽然存在一些问题，但已经稳定运行了多年，可靠性和功能都是可以保证的。而新方案对公司当前IT系统的改变太大，存在很多不确定因素。该方案不仅实施周期长、见效慢，而且对公司的运作冲击太大，造成很大的成本压力。

经过深入调研，小明对客户的需求理解又得到了进一步的加深。小明意识到架构师在设计时不能仅考虑技术因素，还要考虑更多的现实约束，包括投资成本、建设周期，以及抗冲击与风险。**大数据项目的建设应尽快带来效益亮点**，通过滚动的规划，快速上线可实现经济效益的业务应用，给客户以信心，并进一步推动大数据项目的持续、深入开展。

经过深入的分析，小明对方案进行了大幅修改。在大数据平台层面，**强调大数据架构设计的灵活性和可演进性**，为系统未来的滚动重构预留了设计余量；在大数据业务应用层面，**优先规划可以提升当前生产系统效率的应用**，以满足经济可行性的要求与压力。

同时，通过对C公司原有业务流程的分析，小明在新规划的大数据仓库基础上，借助海量的数据及庞大的计算能力，构建了一组可反映企业运营状态的KPI指标，并每天以报表的形式输出。

新的方案提交客户后，得到了CTO和部门主管们的一致认可。

第 3 章

大数据方案关键因素

小明成功地完成Boss安排的三个咨询任务后，成为Boss最信任的左膀右臂。但细心的小明发现，Boss每次看他的眼光，是既欣赏又焦虑。这焦虑的目光，是小明心中的乌云，挥之不去。

终于，小明鼓起勇气询问："Boss，您觉得我最近的工作表现如何？有没有需要改进的地方？"Boss哈哈一笑，"你做得很好，非常好。正因为你这么优秀，所以我才焦虑，毕竟世界上只有一个小明啊，如果我同时接到两个重量级的case，那我上哪里去找两个小明呢？"

小明顿时明白Boss的担忧。"Boss，请你放心，您对我有知遇之恩，我马上将我在大数据项目中所考虑的关键因素做归纳总结，我们团队中的任何人，只要经过我的培训，就可以像我一样去思考，并出色地完成任务。"

小明又奋战了几个昼夜，将自己大数据项目经验系统化，给Boss与团队提交了一份"大数据方案关键因素"的报告，并作为自己团队的培训教材。

3.1　数据存储规模与数据类型

构建一个大数据系统，首先需要分清自身系统数据的基本特征，需要以何种基础设施进行数据存储、分析，相关的产业链有哪些解决方案，如何更经济地解决自身遇到的问题。

对于系统设计者来讲，首先需要考虑的就是数据存储规模，以及需存储与处理的数据类型。**存储规模将大致确定大数据平台的建设规模，而数据类型将决定所需使用的技术以及复杂度。**

对于数据存储规模，存储的成本大致是随存储规模而线性上升的。在项目规划的初期，需要对各数据源进行梳理，区分出哪些数据需在大数据平台中集中存储，哪些不需集中存储，并对各个数据源所产生数据的容量与规模进行量级上的估算。

在各主要数据源规模估算的基础上，可以估算出全系统最终的数据存储容量。

在存储方案确定的前提下，可以进一步估算出大数据平台(不包括上层业务系统)的建设成本。

对于数据类型，由于IT技术的繁荣，造就了系统数据的多样性。文本、图像、音频、视频或其他二进制数据等多种数据，在存储、传输、交换、流转中形成了多样化的数据格式，如TXT、JPG、AVI等。

从数据是否结构化的角度来看，其有三大类。其一是结构化数据，通常针对数据的记录形式，可用二维表结构来逻辑表达实现的数据称为结构化数据，如大多数存储在数据库二维表中的记录、TSV文件、结构化文本等；其二是非结构化数据，其与结构化数据相反，难以采用二维表结构来定义与表达，如办公文档、文本、图片、图像和音频/视频等；其三是半结构化数据，即文件本身提供结构自描述定义，数据的结构和内容混在一起的数据称为半结构化数据。

传统数据库擅长处理结构化数据，但对非结构化数据与半结构化数据，则很难处理。例如，对于文本、图像、视频等，往往需要专业化的处理算法，甚至随着业务的不同，针对相同种类的数据源，也需要采用不同的处理算法与软件。

所以在项目规划初期，对需要处理的数据进行梳理，识别出各类结构化数据、非结构化数据以及半结构化数据的种类，将有助于对整个系统所需要的技术，以及技术复杂度进行全面的评估。

3.2 数据来源与数据质量

大数据时代，数据是组织最重要的资产，掌握了数据就掌握了发展的命脉。所以，数据获取能力，以及数据获取质量就成为项目成败的关键点。

一个综合性的系统，往往需要多个数据源提供数据，即使是在一个企业内部，往往也会有多套生产系统在同时运行，这些并行的生产系统共同为大数据平台提供数据。由于涉及数据的归属问题，以及企业内部业务流程的梳理问题等，与规划相比，往往数据的可获得性在现实中要困难很多。

在项目的规划初期，需要对相关数据源进行识别，并甄别出有风险的数据源，在项目规划初期即上升至决策层进行决策，避免出现项目做完后无米下锅的尴尬境地。

甚至进一步说，如果关键的数据源无法获得，则整个项目的可行性都需要重新考虑。

关于数据质量，这往往是项目规划阶段容易被忽略但又非常关键的问题。由于涉及组织与系统之间的对接与配合，数据源往往并没有意愿主动输出高质量的数据。特别是利用这些数据生成考核KPI的场景下，数据源甚至有可能故意提供虚假数据或不完整数据。

所以在项目规划初期，就需要考虑后期运营过程中，如何对数据源通过技术手段进行数据质量评估，并对数据源的质量辅以相应的考核机制。只有**针对数据质量形成闭环反馈**，才有可能在未来的运营过程中逐步提高数据质量；而没有数据质量控制的大数据系统，在运营过程中很可能会逐渐退化，甚至最终失败。

3.3　业务特征

任何系统都是为特定的业务而生的，需要在特定的资源条件下完成业务流程。对于系统设计者，需要了解数据应采用何种处理方式，明确系统对内部与外部环境的要求，并进一步根据这些要求选择软硬件基础设施。所以，对于大数据项目的规划来说，在早期就清晰地识别系统业务特性显得尤为重要。

从业务处理实时性的角度来划分，系统可以分成实时处理系统与批处理系统。对于实时处理系统，该业务场景下系统收到数据或消息请求需要即时对数据消息进行实时处理响应，系统更关心响应时间和并发度；对于批处理系统，该业务场景下数据以成批的多组文件方式被系统处理，上下游作业进程通过调度进程进行作业工作流的调度处理，该模式下系统更关心处理能力；另外，在实际生产系统中，还存在对实时性要求相对较低的准实时系统，其数据采用批量的形式进入系统，系统一旦检测到数据的进入即开始进行数据处理，输出数据结果。

从系统功能角度来划分，系统可分为侧重数据保存的存储型系统、侧重数据分析的密集计算型系统以及需求大量内存的内存计算系统。

无论是从业务的实时性来看，还是从系统功能来看，不同业务特征的系统有着各自的特点，设计者需要权衡各自的优点与缺点，定义自身系统关键的性能指标，进行合理的技术选型。例如，存储型系统需考虑在磁盘IO读写方面进行优化处理，数据分析密集计算型系统需要对CPU的选型进行重点考虑，内存计算型系统需要考量系统内存消耗等。

只有清晰地识别系统的业务特征，才能选择合理的技术方案，满足系统的设计目标。

3.4　经济可行性

大数据之所以能提升社会生产效益，其本质是提升人类生产活动的准确性，减少了相关的浪费。鄂维南院士曾经指出："大数据本身并不能带来直接效益，它不能吃也不能穿，但它可以消除浪费。"

任何一个技术要获得大规模社会应用，产生社会效益，有两个前提，其一是技术可行性，其二是经济可行性。对于大数据技术来说，也不例外，需要在满足这两个可行性的前提下获得大规模社会应用。

2014年Gartner发布的HypeCycle曲线中，大数据技术处于炒作顶点之后的衰退期。从HypeCycle曲线来看，越过炒作顶点处于衰退的技术，一般处于已经满足技术可行性，但在大的范围内，尚未满足经济可行性的状态。所以，**对于具体的大数据建设项目，技术可行性很可能可以满足，其不是考虑的关键点，而需要考虑的关键点是经济可行性。**

大数据项目的建设模式是，采用一个大数据平台，然后在平台上叠加多个应用。但大数据平台本身并不能产生经济效益，所有的经济效益都需要靠相应的应用与经营来体现。所以，在项目规划初期，就需要重点考虑大数据平台上所构建的业务，并考虑相应的商务模式，以最终实现建设项目的经济可行性。

对于大数据项目的效益点(或赢利点)，如图3-1所示，主要体现在三个方面。

效益点A为"系统轻载"，对于需要存储大量历史数据的企业来说，在生产系统存储历史数据，不仅会代价高昂，而且会影响生产系统的稳定性。所以效益点A是一种"接近于本能的刚需"，例如，银行/证券等企业仅仅将历史交易查询系统迁移到大数据平台中，就可以极大地减轻生产系统的负载，提升生产系统的稳定性。

效益点B为"闭环应用"，大数据平台通过收集生产系统产生的业务过程数据，以及对业务数据进行建模，对当前生产系统提出改进建议与分析报告，去除或改进现有系统中不合理的环节，提高系统生产效率，降低成本。例如，通过收集无线网络的网络覆盖相关的信息，可以对现网的网规网优工作进行指导，与传统依靠路测进行网规网优的模式相比，无论是资金成本还是时间成本，都将急剧降低。再例如，电子商务的推荐系统，通过电子商务网站产生的数据，分析用户的属性与标签，形成推荐结果后反馈给电子商务网站，以促进更多的电子商务销售，形成闭环反馈。

效益点C为"开环应用"，主要是通过第三方实现数据变现，例如，利用电信运营商的数据进行道路规划、人流量密集度预测，或通过数据的经营与交换产生相应的收益。由于开环应用较难形成稳定的收入，数据产生的最终价值由于缺少反馈也较难衡量，较难形成相应的闭环。

在项目的建设初期，效益点A与效益点B业务目标也较容易聚焦，较容易形成经济效益；效益点C虽然在项目初期较难形成经济效益，但与效益点A/B相比，在远期将能够带来更多的收益。所以，在大数据项目的建设过程中，在哪个阶段建设哪个类别的业务，建设顺序将至关重要，甚至可以决定整个大数据建设项目的成败。

一般来说，**项目建设的初期，可以考虑先选择较易产生经济效益的闭环应用进行建设，使项目形成经济上的自我造血功能，然后再依托所积累的数据，进行开环应用的拓展。** 这样的建设顺序，将有助于提升项目成功的概率。

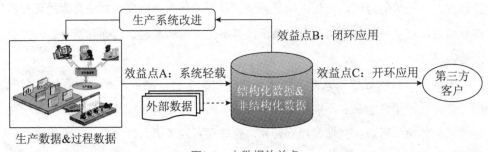

图3-1 大数据效益点

3.5 运维管理要求

大数据时代，企业IT架构的不断扩展，网络也变得更加复杂，服务器、存储设备的数量越来越多，从而给运维工作带来了巨大的挑战，特别是分支机构众多的大型企业或垂直层级较多的政府单位，为了保障良好的用户体验和数据时效性，运维工作显得十分艰巨。

传统IT系统维护的机器数目相对较少，运维管理系统主要提供监控界面、告警处理、作业上线等。但大数据集群将面对成百上千甚至上万台规模的集群，并且多个集群可同时运行，多种组件服务相互依赖，将让系统的诊断与测试变得非常困难。例如，如何防止个别作业异常导致整个集群不可用，就是一个较为困难的问题。

对于大数据运维管理系统来说，需要考虑如下的问题或因素。

其一，对于上百台甚至上万台的服务器、网络设备、存储设备等，**如何让这些设备稳定地运行在生产环境中，不会因为硬件损坏、系统升级而引发业务系统故障？** 一旦故障发生，运维人员如何评估故障对业务的影响有多大?需要多少时间和工作量恢复?

其二，**如何应对系统规模与业务规模的快速膨胀？** 如何预防新上线大规模作业对集群性能造成冲击，甚至让整个集群失效?

其三，**不同应用、甚至不同的计算框架在同一集群下运行，如何对各类作业、资源、数据进行管理，并满足安全性要求？**

通过上述所需考虑的问题，不难看出传统的IT运维思路和运维方法已难以满足大数据系统海量数据存储、计算、应用和安全、部署等多种需求。因此，梳理相关的运维管理要求是系统规划阶段的重要工作。

3.6 安全性要求

大数据蕴藏的价值为大家公认，企业不仅要学习如何挖掘数据价值，抓住大数据带来的机遇加以利用，同时别忘记大数据作为新技术也会引入新的安全威胁，存在于大数据时代"潘多拉魔盒"中的魔鬼可能会随时出现，正如Gartner所说："大数据安全是一场必要的斗争。"能否保护自己的隐私安全、信息安全，成为了企业部署大数据之前的首道难题。

首先，**网络化使大数据更易成为攻击目标**，网络化社会为大数据提供了一个开放的环境，分布在不同地区的资源可以快速整合，实现数据与计算资源的集中存储与共享，然而大数据平台的暴露使得蕴含着海量数据、敏感数据及巨大潜在价值的大数据集群更容易吸引更多潜在的攻击者。黑客、间谍的犯罪动机也比以往任何时候都来得强烈。他们的组织性、专业性更强，作案工具也更先进，作案手段更是层出不穷，而且一旦遭受攻击，失窃的数据量也是巨大的，造成的损失也是惨重的。所以在大数据时代，网络安全防护可以说至关重要。

其次，**大数据时代的数据安全比传统数据安全更加复杂**，企业部署大数据面临的数据安全风险体现如下几个方面：

(1) 大量数据的集中存储增加了大数据泄露风险，大数据中心往往存储海量的客户信息、客户的隐私和行为轨迹，这些数据的集中存储增加了数据泄露风险；

(2) 海量数据本身就蕴藏着价值，但是如何将有用的数据与没有价值的数据进行区分是一个棘手的问题，甚至引发越来越多的安全问题；

(3) 敏感数据的所有权和使用权并没有被明确界定，敏感数据的共享与隔离存在风险，很多基于大数据的分析都未考虑到其中涉及的个体隐私问题，未考虑敏感数据屏蔽；

(4) 大数据对数据完整性、可用性和秘密性带来挑战，被滥用和被破坏的风险很高；

(5) 海量数据的集中存储涉及如何防止数据丢失或者被误删除，同时数据容灾、数据的备份与恢复等引入了新的技术难题；

(6) 随着大数据存储规模不断扩大，集群冷热数据分布会更加不均匀，如何管理数据生命周期也是一个挑战；

(7) 如何进行大数据安全访问控制、安全审计、安全监控也是一个难题。

最后，**大数据时代的应用安全比传统IT应用安全问题更加突出**，具体体现在如下几个方面：

(1) 大数据集群上线后往往运行各种类型的应用程序(统称作业)，同时这些作业将访问集群各类软硬件资源，如CPU/硬盘/网络/内存以及各类业务数据等，在同一集群下数据、作业、资源的安全访问及隔离是一个巨大的挑战；

(2) 同一个集群可能多计算框架并存，保证不同应用、相同/不同计算框架间的安全更加困难；

(3) 具体到作业权限管理，即如何实现从客户端接入、作业提交、作业执行、作业监控、作业资源管理等端到端全流程权限控制；

(4) 大数据服务众多，如何打通各个组件间的权限控制，对服务进行安全管理是必须解决的问题；

(5) 大数据业务访问控制，如数据与应用访问控制、集群管理访问控制、Web访问控制，如何对访问审计等；

(6) 大数据用户的认证、授权及企业已有权限系统与大数据权限控制结合也是个难题；

(7) 数据传递安全管理，保证数据传递过程的安全性。

因此，构建大数据体系时需要根据系统的特征，统筹规划安全相关的部署，建立大数据安全体系。当然，我们也需要认识到，安全是一个全方位的系统性工作，对安全的投入可以说是没有止境的，所以，也需要根据项目的需求，划分安全工作的边界，在安全规划与资源投入方面取得合理的平衡。

3.7 部署要求

大数据正在从专注于个别项目向对企业战略信息架构的影响上转移，对数据量、种类、速度和复杂性的处理正迫使许多传统方法发生改变，带来前所未有的难题，大数据项目的部署实施及上线安全稳定运行是一个复杂的过程，涉及内容众多，在建构时选何选型、制订方案、实施落地，是决策人应该了解的知识。

首先，企业内部需明确大数据的发展战略及定位问题。大数据平台是作为企业内部的业务服务平台，还是对外提供服务，其不同的定位将面临不同的解决方案。

其次，软件规划考虑上线的业务类型，并以此为依据对大数据组件进行选择，如功能、性能、稳定性、高可用性、高可靠性、高扩展性、安全性等，都是需要考虑的因素。

再次，硬件规划需要结合现状及资金投入计划进行规划。一般来说，硬件配置越高，其性能越好，但效费比未必经济。因此部署时也需要寻找一个经济上的均衡点，让硬件能最大效率地发挥出功能和性能。例如，部署环境选择是采用物理机部署，还是虚拟化方式部署？是按业务场景进行多集群部署模式，还是单一大集群部署模式？这些都是需要考虑的问题。

最后，容灾问题是容易忽略的关键问题。关键业务是否支持容灾？是采用同城容灾，还是异地容灾模式？容灾恢复时间等指标是多少？这些问题都需要系统考虑，并且会直接影响全系统的建设成本。

可以看出，大数据部署非常复杂，不仅要综合各种因素进行权衡分析，而且需要逐步细化落地。

3.8　系统边界

系统边界定义的问题，是经常容易被忽略的问题。所谓系统边界，也就是将这个系统看成一个黑盒子，它如何与外界进行交互。举个简单的例子，某公司要上线的A系统需要跟已存在的B系统进行对接，A系统负责人认为对接接口需要B系统进行开发，而B系统的负责人则认为对接接口是A系统的责任。双方团队就对接口责任问题争论不休，导致A系统的上线工作迟迟无法推进，项目经理也无可奈何。因此无论在系统分析阶段还是在系统的开发阶段亦或是在系统的上线阶段，只有明确了系统边界，才能有条不紊地继续接下来的工作。

新上线一个大数据系统，系统往往都不是独立存在的，一般需要与外围其他已存在的数据处理系统进行交互，而且需要集成交互的内容可能会很多，比如源数据获取、系统对接、数据上报等。

系统边界定义不清将导致需求不断更改，既增加了重新开发的工作量成本，也会带来跟其他外围系统的供应商进行协调的沟通成本，造成项目延期、预算超支等危害。作为大数据系统的架构工程师，正确地界定大数据系统边界是必不可少的。**大数据系统的系统边界主要从系统交互界面与系统交割界面两方面进行考虑。**

关于考虑系统交互边界。大数据系统作为数据的接收、处理和呈现系统，跟外围数据系统的数据交互不可避免。对于交互界面的确定，需考虑到以下几个方面的问题。

(1) **系统的数据安全**。数据安全主要是指数据的接收方对数据是否有访问权限，是需要读写权限，还是需要只读权限，在不影响业务的情况下只有严格控制权限才能保证数据的安全性。

(2) **系统交互的流量**。系统交互的流量主要是指双方的数据交互是实时性的数据交互还是非实时性的交互，明确系统交互的流量有助于设计和测试系统的处理压力的能力，防止系统上线时在流量高峰期出现超出系统负荷的情况。

(3) **系统交互的接口**。系统交互接口主要是指明确对接的双方系统的对接方式、对接协议以及对接的网络情况。

(4) **系统交互的周期性**。交互周期性主要是指交互的数据是周期性地发送，还是只要系统产生数据就会随机地发送数据。

(5) **项目执行边界的界定**。对于系统边界处的工作需要明确定义与约定。例如，大数据平台与各个数据源之间的对接与调试，往往开发难度不大，但调试工作量大，周期长。数据源对接调试是否包括在项目范畴内，将极大地影响项目的成本与预算。

关于系统交割界面。新上线大数据系统与其他系统进行对接与交割时，需考虑如下几方面的问题。

(1) **数据备份**。对要替换的系统进行数据备份，需要备份的东西包括数据、元数据以及配置等，对交割过程做好失败预案，若交割失败，能快速恢复系统和业务。

(2) **业务容忍中断时长和切换时间**。明确交割过程中业务容忍中断时长和切换时间，规划好系统交割的方案。

(3) **迁移效率**。系统交割前需要充分测试交割过程中的数据迁移效率以计算数据迁移的周期，从而把控整个交割所需的时间。

(4) **系统兼容性**。由于大数据组件的开源特性，不同系统使用的组件版本不尽相同，不同的版本由于协议或者架构的不同导致不同版本间数据传输方法会不一样，所以系统交割的过程要充分考虑系统版本兼容性。

(5) **数据安全性**。系统交割的过程中要保证数据的完整性和安全性，保证交割过程中数据不丢失。

(6) **系统稳定性**。由旧的系统切换到新的大数据系统后要测试和保障系统切换后可以稳定运行。

(7) **数据正确性**。系统交割完成后要验证数据迁移的正确性，尤其是业务不停机情况下的数据迁移，需要保证迁移过程中产生的新的业务数据能够同步迁移到新的系统中。

3.9 约束条件

任何项目的运作都会受到外在因素的制约，大数据项目也不例外。如果不能有效地考虑外在约束的影响，可能会给项目带来严重危害，甚至是致命危害。作为大数据架构工程师，需要在系统规划、开发、上线乃至后期维护过程中充分考虑项目约束，并提前预案，才能从容应对。

大数据项目在运作过程中可能会遇到的外力约束，可以从以下几个方面考虑。

首先，需考虑团队规模与技能的约束。团队的人员规模以及人员技能将制约项目所能选择的技术路线。大数据架构工程师需要对项目团队的技能有清晰的认识，并结合团队的大小和能力对项目发展方向做权衡。

其次，需考虑可利用资源的约束。例如，项目的投资规模会制约建设规模；可投入的研发费用制约是否有足够的硬件资源进行大规模性能压力测试。

再次，组织保障的约束。项目运作需要与内外部多部门进行合作，需要有一定的组织保障，才能打破跨项目跨部门的"部门墙"。

最后，需考虑标准与规范的约束。银行、电信以及政府机构都需遵循相应的国家规范或行业规范，甚至部分行业对外购的第三方软硬件都有硬性规定。如果到了项目后期才考虑这些约束条件，将会导致灾难性的后果。

3.10 要点回顾

为方便团队成员做大数据项目规划与评审，小明将大数据方案的关键因素整理了一份较为通用的问题检查单，以方便团队成员使用。

编号	类别	问题
1	数据存储规模与数据类型	1-1：数据存储规模多大？ 1-2：有哪些数据类型？不同类型的数据，需要何种技术进行处理？
2	数据可获得性与质量	2-1：数据源是否可获得？ 2-2：对获取困难的数据源，需要何种政策支持才能获得？ 2-3：采用何种技术与手段评估数据源的质量？ 2-4：如何形成反馈，使数据质量逐渐提高？需要何种政策支持？

(续表)

编号	类别	问题
3	业务特征	3-1：系统是以实时处理为主，还是以批处理为主？ 3-2：系统是存储密集型，还是计算密集型？
4	经济可行性	4-1：系统建设的初期，需要构建哪些上层业务？ 4-2：所构建的业务，是否满足闭环反馈的特点？ 4-3：有没有明确的指标衡量业务的经济可行性或效益？
5	运维管理要求	5-1：如何对海量设备进行安装、管理与维护？ 5-2：如何快速扩容？ 5-3：不同作业之间是否有资源隔离等要求？
6	安全性要求	6-1：安全性工作的边界在何处？是全部的安全性在该大数据项目中考虑，还是安全性是一个独立的项目？ 6-2：具体到该大数据项目，最主要的安全性要求是什么？
7	部署要求	7-1：当前项目是需要构建在已有的硬件环境中，还是可以新建硬件环境？ 7-2：是采用单集群部署，还是多集群部署？ 7-3：对软件模块如何选择？例如，对于实时业务，是倾向于采用storm，还是倾向于采用spark streaming？ 7-4：对容灾有何要求，有多少预算？
8	系统边界	8-1：系统交互界面如何定义？ 8-2：系统交割界面如何定义？
9	约束条件	9-1：项目团队的规模多大？团队的技能处于何种水平？ 9-2：项目投资规模是多大？可以使用的资源有何限制？ 9-3：组织上的保障与支持力度有多大？ 9-4：需要满足哪些强制标准与规范？

第二部分

大数据架构师基础

A GUIDE FOR
BIG DATA ARCHITECTS

小明完成第三个咨询项目后，陷入深深的烦恼之中。他感觉自己团队成员中的大多数骨干处于"台上一条龙，台下一条虫"的状态。也就是说，对于大的项目策略，大家都可以侃侃而谈如沐春风，但一旦具体到技术细节，往往就显出内力不足、手足无措。

　　虽说在一个大型项目的初期未必需要考虑技术细节，但往往又会有部分技术细节决定整个大方案的可行性。在项目早期识别出这些影响方案可行性的技术细节，往往可以体现一个架构师的技术能力与水准。所以，对于一个架构师来说，掌握相关领域的知识是必需的，否则，就难以成为一个真正合格的架构师。

　　基于这样的现状，小明深切地体会到，必须要对团队进行大数据基础技术的培训，才能让整个团队的工作更上一层楼。

　　小明说干就干，很快为团队准备了一份技术教材"大数据架构师基础"。

第 4 章

Hadoop基础组件

4.1 Hadoop简介

Apache Hadoop是Apache软件基金会的顶级开源项目,是由Doug Cutting根据Google发布的学术论文而创建的开源项目。Doug Cutting被称为Hadoop之父,他打造了目前在大数据领域如日中天的Hadoop。

Apache Hadoop的官方定义是:Apache™ Hadoop®是一套可靠的、可扩展的、支持分布式计算的开源软件。

Hadoop的发音是"[hædu:p]",Hadoop 这个名字不是一个缩写,而是一个虚构的名字。Doug Cutting这样解释Hadoop的得名:"这个名字是我孩子给一个棕黄色的大象玩具命名的。我的命名标准就是简短、容易发音和拼写,没有太多的意义,并且不会被用于别处,小孩子恰恰是这方面的高手。"

Hadoop的特点

➢ Hadoop是一个能够对大量数据进行分布式处理的开源软件框架,以一种可靠、高效、可伸缩的方式进行数据处理。

➢ Hadoop是可靠的,它维护多个数据副本,确保能够针对失败的节点重新分布处理。

➢ Hadoop是高效的,它以并行的方式工作,通过并行处理加快处理速度。

➢ Hadoop是可伸缩的,能够处理PB级数据。

➢ Hadoop是一个能够让用户轻松构建和使用的分布式计算平台。用户可以轻松地在Hadoop上开发和运行处理海量数据的应用程序。

➢ Hadoop带有用Java语言编写的框架,基于Hadoop 的应用程序也可以使用其他语言编写。

高可靠、高扩展、高效、高容错、低成本等特性让Hadoop成为目前最流行的大数据分析系统。

4.2　Hadoop版本演进

当前Hadoop有两大版本：Hadoop 1.0和Hadoop 2.0，如图4-1所示。

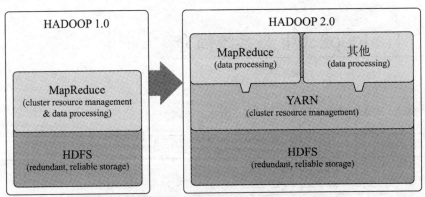

图4-1　Hadoop版本演进图

Hadoop1.0被称为第一代Hadoop，由分布式文件系统HDFS和分布式计算框架MapReduce组成，其中，HDFS由一个NameNode和多个DataNode组成，MapReduce由一个JobTracker和多个TaskTracker组成，对应Hadoop版本为0.20.x、0.21.x，0.22.x和1.x。其中0.20.x是比较稳定的版本，最后演化为1.x，变成稳定版本。0.21.x和0.22.x则增加了NameNode HA等新特性。

第二代Hadoop被称为Hadoop2.0，是为克服Hadoop 1.0中HDFS和MapReduce存在的各种问题而提出的，对应Hadoop版本为Hadoop 0.23.x和2.x。

针对Hadoop1.0中NameNode HA不支持自动切换且切换时间过长的风险，Hadoop2.0提出了基于共享存储的HA模式，支持失败自动切换及切回。

针对Hadoop1.0中的单NameNode制约HDFS的扩展性问题，Hadoop2.0提出了HDFS Federation(联邦)机制，它允许多个NameNode各自分管不同的命名空间，进而实现数据访问隔离和集群横向扩展。

针对Hadoop1.0中的MapReduce在扩展性和多框架支持方面的不足，提出了全新的资源管理框架YARN，将JobTracker中的资源管理和作业控制功能分开，分别由组件ResourceManager和ApplicationMaster实现。其中，ResourceManager负责所有应用程序的资源分配，而ApplicationMaster仅负责管理一个应用程序。

相比于 Hadoop1.0，Hadoop 2.0框架具有更好的扩展性、可用性、可靠性、向后兼容性和更高的资源利用率以及能支持除了MapReduce计算框架外的更多的计算框架，Hadoop 2.0目前是业界主流使用的Hadoop版本。

Hadoop版本演进可以参考：http://Hadoop.apache.org/releases.html。

4.3 Hadoop2.0生态系统简介

Apache Hadoop2.0生态系统如图4-2所示。

图4-2 Hadoop2.0生态系统图

Hadoop核心项目包括以下内容。

➢ HDFS：全称为Hadoop分布式文件系统(Hadoop Distributed File System)，提供了高吞吐量的访问应用程序数据。

➢ Hadoop YARN：Hadoop集群资源管理框架(Yet Another Resource Negotiator)，用于作业调度和集群资源管理。

➢ Hadoop MapReduce：基于YARN的大数据集的并行处理系统。

➢ Hadoop Common：支持其他Hadoop模块的通用功能，包括序列化、Java RPC和持久化数据结构等。

Hadoop其他子项目包括以下内容。

➢ Ambari：是一个部署、管理和监视Apache Hadoop集群的开源框架，它提供一个直观的操作工具和一个健壮的Hadoop API，可以隐藏复杂的Hadoop操作，使集群操作大大简化。

➢ HBase：可扩展的分布式列式数据库，支持大表的结构化存储。

➢ Hive：分布式数据仓库系统，提供基于类SQL的查询语言。

➢ Mahout：机器学习和数据挖掘领域经典算法的实现。

➢ Pig：一个高级数据流语言和执行环境，用来检索海量数据集。

➢ Spark：一个快速和通用的计算引擎。Spark提供了一个简单而富有表现力的编程模型，支持多种应用，包括ETL、机器学习、数据流处理和图形计算。

➢ Sqoop：在关系型数据库与Hadoop系统之间进行数据传输的工具。

➢ Tez：是从MapReduce计算框架演化而来的通用DAG计算框架，可作为MapReduceR/Pig/Hive等系统的底层数据处理引擎，它天生融入Hadoop 2.0中的资源管理平台YARN。

➢ ZooKeeper：提供Hadoop集群高性能的分布式的协调服务。

4.4 Hadoop分布式文件系统HDFS

4.4.1 HDFS简介

Hadoop分布式文件系统(Hadoop Distributed File System，简称HDFS)被设计成适合运行在通用硬件上高度容错性的分布式文件系统，能提供高吞吐量的数据访问，适合大规模数据集上的应用。HDFS放宽了一部分POSIX约束，来实现流式读取文件系统数据。

HDFS前提和设计目标概括为以下几点。

硬件错误：硬件错误是常态而不是异常。HDFS可能由成百上千的服务器构成，每个服务器上存储着文件系统的部分数据。我们面对的现实是构成系统的组件数目是巨大的，而且任一组件都有可能失效，这意味着总是有一部分HDFS的组件是不工作的。因此错误检测和快速、自动地恢复是HDFS最核心的架构目标。

流式的访问数据：HDFS建立在这样一个思想上，即一次写入、多次读取模式是最高效的。这意味着一个数据集一旦由数据源生成，就会被复制分发到不同的存储节点中，然后响应各种各样的数据分析任务请求。在多数情况下，分析任务都会涉及数据集中的大部分数据，也就是说，对HDFS来说，请求读取整个数据集要比读取一条记录更加高效。

处理超大文件：这里的超大文件通常是指百MB、数百TB大小的文件。目前在实际应用中，HDFS已经能用来存储管理PB级的数据了。所以，HDFS被调整成支持大文件。它应该提供很高的聚合数据带宽，在一个集群中支持成百上千个节点，支持上亿级别的文件。

简单一致性模型：大部分的HDFS程序对文件操作需要的是一次写入多次读取的操作模式。一个文件一旦创建、写入、关闭，就不需要修改了。这个假定简单化了数据一致性的问题并使高吞吐量的数据访问变得可能。

移动计算比移动数据更经济：在靠近计算数据所存储的位置来进行计算是最理想的状态，尤其是在数据集特别巨大的时候。这样消除了网络的拥堵，提高了系统的整体吞吐量。一个假定就是迁移计算到离数据更近的位置比将数据移动到程序运行更近的位置要更好。HDFS提供了接口，来让程序自己移动到离数据存储更近的位置。

异构软硬件平台间的可移植性：HDFS被设计成可以简便地实现平台间的迁移，这将推动需要大数据集的应用更广泛地采用HDFS作为平台。

4.4.2　HDFS体系架构

如图4-3所示，HDFS是一个主/从(Mater/Slave)体系结构，一个HDFS集群是由一个NameNode和一定数目的DataNode组成。NameNode管理文件系统的元数据，Datanode存储实际的数据。从内部看，一个文件其实被分成一个或多个数据块，这些块存储在一组DataNode上。客户端通过同NameNode和DataNode的交互访问文件系统，客户端联系NameNode以获取文件的元数据，而真正的文件I/O操作是直接和DataNode进行交互的。HDFS暴露了文件系统的名字空间，用户能够以文件的形式在上面存储数据。

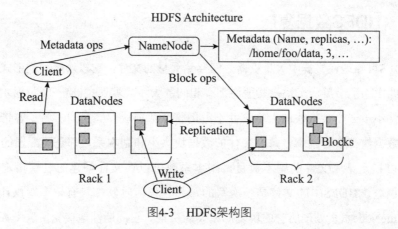

图4-3　HDFS架构图

NameNode执行文件系统的名字空间操作，比如打开、关闭、重命名文件或目录。它也负责确定数据块到具体DataNode节点的映射。DataNode负责处理文件系统客户端的读写请求。在NameNode的统一调度下进行数据块的创建、删除和复制。

NameNode又叫"元数据节点"，DataNode又叫"数据节点"。这两类节点分别承担Master和Slave具体任务的执行节点。

NameNode可以看作是分布式文件系统中的管理者，负责管理文件系统的命名空间(NameSpace)以及客户端对文件的访问。NameNode将所有的文件和文件夹的元数据保存在一个文件系统树中。这些信息也会在硬盘上保存成以下文件：命名空间镜像(image)及操作日志(editlog)，其还保存了一个文件包括哪些数据块，分布在哪些数据节点上。然而这些信息并不存储在硬盘上，而是在启动的时候由数据节点上报到NameNode。集群中单一NameNode的结构大大简化了系统的架构。NameNode是所有HDFS元数据的仲裁者和管理者，这样，用户数据永远不会流过NameNode。

DataNode是文件系统中真正存储数据的地方，DataNode负责处理文件系统客户端的读写请求。在NameNode的统一调度下进行数据块的创建、删除和复制。客户端可以向数据节点请求写入或者读取数据块。DataNode周期性地向NameNode节点汇报其存储的数据块信息。DataNode是文件存储的基本单元，它将Block存储在本地文件系统中，保存了Block的元数据，同时周期性地将所有存在的Block信息发送给NameNode。

Client是HDFS文件系统的客户端。

应用程序通过该模块与NameNode、DataNode交互，进行实际的文件读写。

4.4.3 HDFS数据复制

HDFS可靠地在集群中大量机器之间存储大量的文件，它以块序列的形式存储文件。文件中除了最后一个块，其他块都有相同的大小。默认128M一个数据块，如果一个文件小于一个数据块的大小，并不占用整个数据块存储空间。为了容错，文件的所有数据块都会有副本，每个文件的数据块大小和副本系数都是可配置的。应用程序可以指定某个文件的副本数目，副本系数可以在文件创建的时候指定，后续也可以调整。HDFS中的文件是一次写的，并且任何时候都只有一个写操作。

NameNode负责处理所有的块复制相关的决策。它周期性地接受集群中数据节点的心跳和块报告。接收到心跳信号意味着该DataNode节点工作正常。块状态报告包含了一个该DataNode上所有数据块的列表。

HDFS数据块复制机制如图4-4所示。

数据块复制

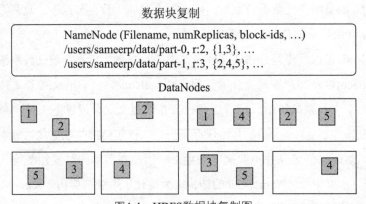

图4-4　HDFS数据块复制图

副本位置：块副本存放位置的选择是HDFS可靠性和性能的关键。HDFS采用一种称为机架感知(rack-aware)的策略来改进数据的可靠性、可用性和网络带宽的利用率。

HDFS运行在跨越大量机架的集群之上。两个不同机架上的节点是通过交换机实现通信的，在大多数情况下，相同机架上机器间的网络带宽优于在不同机架上的机器。

通过一个机架感知的过程，NameNode可以确定每个DataNode所属的机架id。在开始的时候，每一个DataNode自检它所属的机架id，然后在向NameNode注册的时候告知它的机架id。一个简单但不是最优的方式就是将副本放置在不同的机架上，这就防止了机架故障时数据的丢失，并且在读数据的时候可以充分利用不同机架的带宽。这个方式均匀地将复制分散在集群中，这就简单地实现了组建故障时的负载均衡。然而这种方式增加了写的成本，因为写的时候需要跨越多个机架传输文件块。

默认的HDFS Block放置策略在最小化写开销和最大化数据可靠性、可用性以及总体读取带宽之间进行了一些折中。一般情况下复制因子为3，HDFS的副本放置策略是将第一个副本放在本地节点，将第二个副本放到本地机架上的另外一个节点，而将第三个副本放到不同机架上的节点。这种方式减少了机架间的写流量，从而提高了写的性能。机架故障的几率远小于节点故障。这种方式并不影响数据可靠性和可用性的限制，并且它确实减少了读操作的网络聚合带宽，因为文件块仅存在两个不同的机架，而不是三个。在这种策略下，副本并不是均匀分布在不同的机架上。1/3的副本在一个节点上，2/3的副本在一个机架上，其他副本均匀分布在剩下的机架中，这一策略在不损害数据可靠性和读取性能的情况下改进了写的性能。

副本选择：为了降低整体的带宽消耗和读取延时，HDFS会尽量让读取程序读取离它最近的副本。假如在读节点的同一个机架上就有这个副本，就直接读这个，如果HDFS集群跨越多个数据中心，那么客户端将首先读本地数据中心的副本。

4.4.4　本节技术要点回顾

HDFS是Hadoop分布式文件系统，HDFS有如下技术特点和应用场景：

➢ 适合处理超大文件，数量级达到GB级、TB级甚至PB级；

➢ 支持集群规模的动态扩展；

➢ 适用于流式数据读写的场景，即"一次写入，多次读取"；

➢ 具有高容错性，数据块可以保存多个副本，实现负载均衡；

➢ 对硬件要求低，能够运行在廉价的商用机器集群上。

HDFS不适合应用于如下场景：

➢ 不适合需要高效存储大量小文件的场景；

➢ 不适合低延迟的数据访问场景；

➢ 不适合多用户同时写入和任意修改文件的场景。

4.5 Hadoop统一资源管理框架YARN

YARN(Yet Another Resource Negotiator)是一个通用的资源管理平台，可为各类计算框架提供资源的管理和调度。

YARN可以将多种计算框架(如离线处理MapReduce、在线处理的Storm、内存计算框架Spark等)部署到一个公共集群中，共享集群的资源，并提供如下功能。

(1) **资源的统一管理和调度**：集群中所有节点的资源(内存、CPU、磁盘、网络等)抽象为Container。在资源进行运算任务时，计算框架需要向YARN申请Container，YARN按照策略对资源进行调度，进行Container的分配。

(2) **资源隔离**：YARN使用了轻量级资源隔离机制Cgroup进行资源隔离，以避免相互干扰，一旦Container使用的资源量超过事先定义的上限值，就将其杀死。

YARN可以被看作是一个云操作系统，由一个ResourceManager和多个NodeManager组成，它负责管理所有NodeManger上多维度资源，并以Container(启动一个Container相当于启动一个进程)方式分配给应用程序启动ApplicationMaster(相当于主进程中运行逻辑) 或运行ApplicationMaster切分的各Task(相当于子进程中运行逻辑)。

4.5.1 YARN体系架构

YARN是Master/Slave结构，主要由ResourceManager、NodeManager、ApplicationMaster和Container等几个组件构成。YARN架构如图4-5所示。

➢ ResourceManager(RM)：负责对各NM上的资源进行统一管理和调度。给AM分配空闲的Container并监控其运行状态。对AM申请的资源请求分配相应的空闲Container。其主要由两个组件构成：调度器和应用程序管理器。

  ■ 调度器(Scheduler)：调度器根据容量、队列等限制条件，将系统中的资源分配给各个正在运行的应用程序。调度器仅根据各个应用程序的资源需求进行资源分配，而资源分配单位是Container，从而限定每个任务使用的资源量。

  ■ 应用程序管理器(Applications Manager)：应用程序管理器负责管理整个系统中所有的应用程序，包括应用程序提交，与调度器协商资源以启动

AM，监控AM运行状态并在失败时重新启动等。

➤ NodeManager(NM)：NM是每个节点上的资源和任务管理器。它会定时地向RM汇报本节点上的资源使用情况和各个Container的运行状态；同时会接收并处理来自AM的Container启动/停止等请求。

➤ ApplicationMaster(AM)：用户提交的应用程序均包含一个AM，负责应用的监控，跟踪应用执行状态，重启失败任务等。

➤ Container：Container封装了某个节点上的多维度资源，如内存、CPU、磁盘、网络等，是YARN对资源的抽象。当AM向RM申请资源时，RM为AM返回的资源便是用Container表示的。YARN会为每个任务分配一个Container且该任务只能使用该Container中描述的资源。

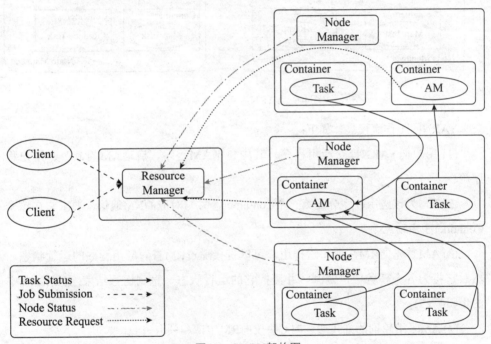

图4-5　YARN架构图

4.5.2　YARN应用工作流程

如图4-6所示，用户向YARN中提交一个应用程序后，YARN将分两个阶段运行该应用程序：

➢ 启动AM，如图4.6中的步骤1~3；

➢ 由AM创建应用程序，申请资源并监控其整个运行过程，直到运行完成，如图4.6中的步骤4~7。

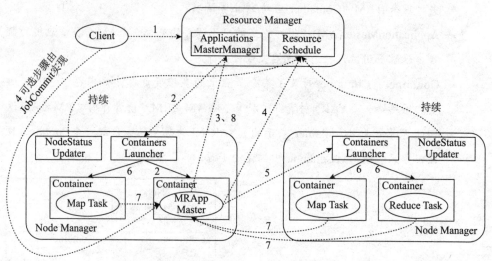

图4-6　YARN应用工作流程图

YARN的工作流程具体如下：

(1) 用户向YARN提交应用程序，其中包括AM程序、启动AM的命令、用户程序等；

(2) RM为该应用程序分配第一个Container，并与对应的NM通信，要求它在这个Container中启动AM；

(3) AM首先向RM注册，这样用户可以直接通过RM查看应用程序的运行状态，然后它将为各个任务申请资源，并监控它的运行状态，直到运行结束(重复图4.6中的步骤4~7)；

(4) AM采用轮询的方式通过RPC协议向RM申请和领取资源；

(5) 一旦AM申请到资源后，便与对应的NM通信，要求它启动任务；

(6) NM为任务设置好运行环境(包括环境变量、JAR包、二进制程序等)后，将任务启动命令写到一个脚本中，并通过运行该脚本启动任务；

(7) 各个任务通过某个RPC协议向AM汇报自己的状态和进度，以让AM随时掌握各个任务的运行状态，从而可以在任务失败时重新启动任务；

(8) 应用程序运行完成后，AM向RM注销并关闭自己。

4.5.3　YARN资源调度模型

YARN提供了一个资源管理平台能够将集群中的资源统一进行管理。所有节点上的多维度资源都会根据申请抽象为一个个Container。

YARN采用了双层资源调度模型：

➢ RM中的资源调度器将资源分配给各个AM：资源分配过程是异步的。资源调度器将资源分配给一个应用程序后，不会立刻push给对应的AM，而是暂时放到一个缓冲区中，等待AM通过周期性的心跳主动来取；

➢ AM领取到资源后再进一步分配给它内部的各个任务：不属于YARN平台的范畴，由用户自行实现。

YARN目前采用的资源分配算法有三种。

(1) **先来先调度FIFO**：先按照优先级高低调度，如优先级相同则按照提交时间先后顺序调度，如提交时间相同则按照队列名或Application ID比较顺序调度。

(2) **公平调度FAIR**：该算法的思想是尽可能地公平调度，即已分配资源量少的优先级高。

(3) **主资源公平调度DRF**：该算法扩展了最大最小公平算法，使之能够支持多维资源，算法是配置资源百分比小的优先级高。

4.5.4　本节技术要点回顾

YARN是一个可为各类计算框架提供资源管理和调度的通用的资源管理平台。YARN有如下的优点和使用场景：

➢ YARN使用了轻量级资源隔离机制Cgroups进行资源隔离以避免资源之间相互干扰，实现对CPU和内存两种资源的隔离。

➢ YARN上可以运行各种应用类型的计算框架，包括离线计算MapReduce、DAG计算框架Tez、基于内存的计算框架SPARK、实时计算框架Storm等。

➢ 支持先进先出FIFO、公平调度FAIR、主资源公平调度DRF等分配算法。

➢ 支持多租户资源调度，包括支持资源按比例分配、支持层级队列划分和支持资源抢占。

4.6 Hadoop分布式计算框架MapReduce

MapReduce致力于解决大规模数据处理的问题，利用局部性原理将整个问题分而治之。MapReduce在处理之前，将数据集分布至各个节点。处理时，每个节点就近读取本地存储的数据处理(Map)，将处理后的数据进行合并(Combine)、排序(Shuffle and Sort)后再分发(至Reduce节点)，避免了大量数据的传输，提高了处理效率。配合数据复制(Replication)策略，集群可以具有良好的容错性，一部分节点的宕机对集群的正常工作不会造成影响。

MapReduce作为一个分布式计算框架，主要由三部分组成。

(1) **编程模型**：为用户提供了非常易用的编程接口，用户只需要考虑如何使用MapReduce模型描述问题，实现几个简单的hook函数即可实现一个分布式程序。

(2) **数据处理引擎**：由MapTask和ReduceTask组成，分别负责Map阶段逻辑和Reduce阶段逻辑的处理。

(3) **运行时环境**：用以执行MapReduce程序，并行程序执行的诸多细节，如分发、合并、同步、监测等功能均交由执行框架负责，用户无须关心这些细节。

MapReduce的优点有以下几点。

➢ **易于编程**：将所有并行程序均需要关注的设计细节抽象成公共模块并交由系统实现，而用户只需专注于自己应用程序的逻辑实现，这样简化了分布式程序设计且提高了开发效率。

➢ **良好的扩展性**：通过添加机器以达到线性扩展集群能力的目的。

➢ **高容错性**：在分布式环境下，随着集群规模的增加，集群中的故障率(这里的"故障"包括磁盘损坏、机器宕机、节点间通信失败等硬件故障和坏数据或者用户程序bug产生的软件故障)会显著增加，进而导致任务失败和数据丢失的可能性增加。Hadoop通过计算迁移或者数据迁移等策略提高集群的可用性与容错性。

其缺点有以下几点。

➢ **延时较高**：不适应实时应用的需求。

➢ **对随机访问的处理能力不足**：其是一种线性的编程模型，适用于顺序处理数据。

4.6.1　MapReduce可编程组件

MapReduce提供了5个可编程组件，如图4-7所示，实际上可编程组件全部属于回调接口。当用户按照约定实现这几个接口后，MapReduce运行时环境会自动调用以实现用户定制的效果。

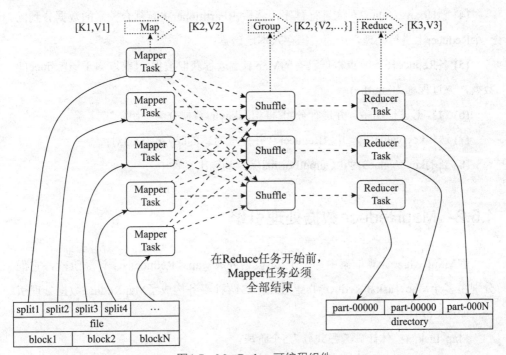

图4-7　MapReduce可编程组件

(1) InputFormat：主要用于描述输入数据的格式，其按照某个策略将输入数据切分成若干个split，并为Mapper提供输入数据，将split解析成一个个key/value对。

(2) Mapper：对split传入的key1/value1对进行处理，产生新的键值key2/value2对，即Map：(k1，v1) →(k2，v2)。

(3) Partitioner：作用是对Mapper产生的中间结果进行分区，以便将key有耦合关系的数据交给同一个Reducer处理，它直接影响Reduce阶段的负载均衡。

(4) Reducer：以Map的输出作为输入，对其进行排序和分组，再进行处理产生新的数据集，即Reducer：(k2，list(v2)) →(k3，v3)。

(5) OutputFormat：主要用于描述输出数据的格式，它能够将用户提供的key/value对写入特定格式的文件中。

编程流程的运行流程如下：

(1) 作业提交后，InputFormat按照策略将输入数据切分成若干个Split；

(2) 各Map任务节点上根据分配的Split元信息获取相应数据，并将其迭代解析成一个个key1/value1对；

(3) 迭代的key1/value1对由Mapper处理为新的key2/value2对；

(4) 新的key2/value2对先进行排序，然后由Partitioner将有耦合关系的数据分到同一个Reducer上进行处理，中间数据存入本地磁盘；

(5) 各Reduce任务节点根据已有的Map节点远程获取数据(只获取属于该Reduce的数据，该过程称为Shuffle)；

(6) 对数据进行排序，并进行分组(将相同key的数据分为一组)；

(7) 迭代key/value对，并由Reducer合并处理为新的key3/value3对；

(8) 新的key3/value3对由OutputFormat保存到输出文件中。

4.6.2　MapReduce数据处理引擎

在MapReduce计算框架中，一个Job被划分成Map和Reduce两个计算阶段，它们分别由多个Map Task和Reduce Task组成。这两种服务构成了MapReduce数据处理引擎，如图4-8所示。

Map Task的整体计算流程共分为5个阶段。

(1) Read阶段：MapTask通过用户编写的RecordReader，从输入InputSplit中解析出一个个key/value。

(2) Map阶段：将解析出的key/value交给用户编写的Map函数处理，并产生一系列新的key/value。

(3) Collect阶段：Map函数生成的key/value通过调用Partitioner进行分片，并写入一个环形内存缓冲区中。

(4) Spill阶段：即"溢写"，当环形缓冲区满后，MapReduce会将数据写到本地磁盘上，生成一个临时文件。

(5) Combine阶段：所有数据处理完成后，Map Task对所有临时文件进行一次合并，以确保最终只会生成一个数据文件。

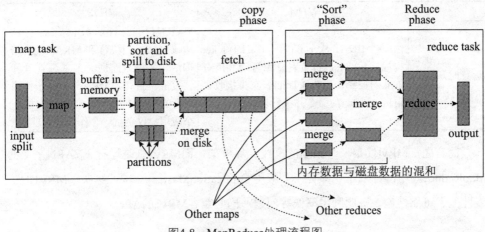

图4-8　MapReduce处理流程图

Reduce Task的整体计算流程共分为5个阶段。

(1) Shuffle阶段：Reduce Task从各个Map Task上远程拷贝一片数据，并针对某一片数据，如其大小超过一定阈值则写到磁盘上，否则直接放到内存中。

(2) Merge阶段：在远程拷贝数据的同时，Reduce Task启动了3个后台线程对内存和磁盘上的文件进行合并，以防止内存使用过多或磁盘上文件过多。

(3) Sort阶段：采用了基于排序的策略将key相同的数据聚在一起，由于各个Map Task已经实现对自己的处理结果进行了局部排序，因此Reduce Task只需对所有数据进行一次归并排序即可。

(4) Reduce阶段：将每组数据依次交给用户编写的reduce函数处理。

(5) Write阶段：reduce函数将计算结果写到HDFS上。

4.6.3　MapReduce版本对比

MapReduce 主要分为 MRv1和 MRv2两个大版本。

新旧MR的对比如表4-1所示。

表4-1　MRV1与MRV2对比表

	MRvl	MRv2
编程模型	新旧API	新旧API
数据处理引擎	Map Task / Reduce Task	Map Task / Reduce Task(重构优化)

(续表)

	MRv1	MRv2
运行时环境	由(一个)JobTracker 和(若干)TaskTracker 构成：JobTracker负责资源管理和所有作业的控制，而TaskTracker负责接收来自JobTracker的命令并执行它	YARN(由ResourceManager和NodeManager 构成) 和 MRAppMaster 构成，YARN提供一个资源管理和调度的平台，而MRAppMaster作为运行在YARN资源管理平台上的一个应用，仅负责一个作业的管理

简言之，MRv1仅是一个独立的离线计算框架，而MRv2则是运行于YARN之上的MapReduce应用，每个作业都有一个应用ApplicationMaster。MRv2解决了MRv1的扩展性差、可靠性差、资源利用率低等问题，同时兼容MRv1的API。

4.6.4　本节技术要点回顾

MapReduce是一个分布式并行编程模型，它将计算任务分布在成百上千个节点组成的集群进行并行计算，并返回计算结果。

MapReduce计算模型有如下优点和使用场景：

➤ 具有高度可扩展性，可动态增加/削减计算节点；

➤ 具有高容错能力，支持任务自动迁移、重试和预测执行，不受节点故障影响；

➤ 能实现灵活的资源分配和调度，达到资源利用的最大化；

➤ 可部署在几千台机器的超大规模集群上，使MapReduce可以处理具有超大规模数据的业务场景；

➤ MapReduce模型使用方便，易于编程，简化了分布式程序设计，提高了开发效率且支持多开发语言。

在下面几种应用场景中不适合使用MapReduce计算模型：

➤ MapReduce计算的时延较高，对实时性要求比较高的应用场景不适合使用MapReduce；

➤ MapReduce适合顺序批量处理数据，处理随机访问的能力不足，因此需要处理随机数据的场景不适合使用MapReduce。

4.7　Hadoop分布式集群管理系统ZooKeeper

ZooKeeper是一个针对大型分布式系统的可靠协调系统。ZooKeeper是分布式系统中的一个重要组件，它能为HDFS、HBase、MapReduce、YARN、Hive等组件提供重要的功能支撑。在分布式应用中，通常需要ZooKeeper来提供可靠的、可扩展的、分布式的、可配置的协调机制来统一各系统的状态。

4.7.1　ZooKeeper体系架构

ZooKeeper的体系架构如图4-9所示。

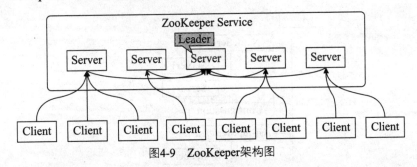

图4-9　ZooKeeper架构图

客户端可以连接到每个Server，每个Server的数据完全相同，每个Follower都和Leader有连接，接受Leader的数据更新操作，Server记录事务日志和快照到持久存储；过半数Server可用，整体服务就可用。Leader只有一个，宕机后会重新选出一个Leader。

4.7.2　ZooKeeper基本特性

(1) 强一致性：Client不论连接到哪个Server，展示给它的都是同一个视图，这是ZooKeeper最重要的功能。

(2) 可靠性：具有简单、健壮、良好的性能，如果消息Message被一台服务器接受，那么它将被所有的服务器接受。

(3) 实时性：ZooKeeper保证客户端在一个时间间隔范围内获得服务器的更新信

息，或者服务器失效的信息。考虑到网络延时等原因，在需要最新数据时，应该在读数据之前调用sync实现。

(4) 等待无关(Wait-Free)：慢的或者失效的Client不得干预快速的Client的请求，使得每个Client都能有效地等待。

(5) 原子性：更新只能成功或者失败，没有中间状态。

(6) 顺序性：包括全局有序和偏序两种。

4.7.3 ZooKeeper数据模型

ZooKeeper的数据模型基于树型结构的命名空间，与文件系统类似，如图4-10所示。

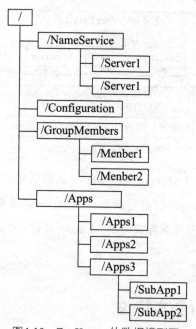

图4-10 ZooKeeper的数据模型图

该数据模型具有如下几个特点。

➤ 该数据模型是分布式的，数据节点被称为znode，客户端可以连接到每个Server，每个Server的数据完全相同。

➤ znode可以是临时节点也可以是持久性的。对应临时节点，一旦创建znode的客户端与服务器失去联系，这个znode也将自动删除，ZooKeeper的客户端和服务器通信采用长连接方式，每个客户端和服务器通过心跳来保持连接，这个连接状态称为session，如果znode是临时节点，这个session失效，znode也就删除了。

➢ znode可以被监控，包括这个目录节点中存储的数据的修改，子节点目录的变化等，一旦变化可以通知设置监控的客户端，这个是ZooKeeper的核心特性。ZooKeeper的很多功能都是基于这个特性实现的，通过这个特性可以实现的功能包括配置的集中管理、集群管理、分布式锁等。

4.7.4　ZooKeeper在Hadoop中的应用举例

ZooKeeper在YARN的应用如图4-11所示。

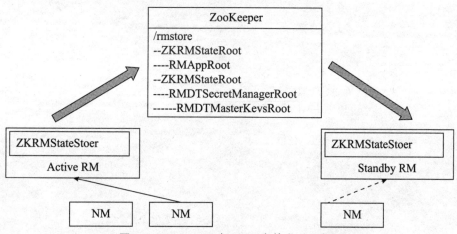

图4-11　ZooKeeper在YARN中的应用示意图

RM 的作业信息存储ZooKeeper的/rmstore下，Active RM向这个目录写App信息。RM启动的时候会通过向ZK的/rmstore目录下写一个Lock文件，写成功则成为Active，否则为Standby，Standby RM会一直监控Lock文件是否存在，如果不存在则会试图去创建，即争取成为Active RM。

当Active RM挂掉，另外一个Standby RM成功转换为Active RM后，会从/rmstore读取相应的作业信息，重新构建作业的内存信息。然后其会启动内部服务，开始接收NM的心跳，构建集群资源信息，并接收客户端提交作业的请求等。

4.7.5　本节技术要点回顾

ZooKeeper是一个针对大型分布式系统的可靠协调系统。在大数据系统中，ZooKeeper为HDFS、HBase、MapReduce、YARN、Hive等组件的功能提供了重要的功能支撑，包括HDFS HA的自动Failover、HBase的Master选举、各组件的集群管理等功能。ZooKeeper主要有如下常见应用场景：

➢ 为分布式应用系统提供统一的配置管理信息；

➢ 为分布式应用系统提供统一的命名服务；

➢ 提供基于简单原语的分布式同步操作；

➢ 集群管理。

第 5 章

Hadoop其他常用组件

5.1　Hadoop数据仓库工具Hive

Hive是Apache Hadoop的正式子项目，可以将结构化的数据文件映射为一张数据库表，并提供简单的SQL查询功能，可以将SQL语句转换为MapReduce任务进行运行。其优点是学习成本低，可以通过类SQL语句快速实现简单的MapReduce统计，不必开发专门的MapReduce应用，十分适合数据仓库的统计分析。

Hive是建立在Hadoop上的数据仓库基础构架。它提供了一系列的工具，可以用来进行数据提取转化加载(ETL)，这是一种可以在Hadoop中对大规模数据进行存储、查询和分析的机制。Hive定义了简单的类SQL查询语言，称为HQL，它允许熟悉SQL的用户方便地查询数据。同时，这个语言也允许熟悉MapReduce的开发者定制自定义的Mapper和Reducer，以便处理内建Mapper/Reducer无法完成的复杂分析工作。它具备如下几个基本特性。

(1) **查询语言**：由于SQL被广泛地应用在数据仓库中，因此，专门针对Hive的特性设计了类SQL的查询语言HQL。熟悉SQL开发的开发者可以很方便地使用Hive进行开发。

(2) **数据存储位置**：Hive是建立在Hadoop之上的，所有Hive的数据都是存储在HDFS 中的。

(3) **数据格式**：Hive中没有定义专门的数据格式，数据格式可以由用户指定，用户定义数据格式需要指定三个属性：列分隔符、行分隔符以及读取文件数据的方法。由于在加载数据的过程中，不需要从用户数据格式到Hive定义的数据格式的转换，因此，Hive在加载的过程中不会对数据本身进行任何修改，而只是将数据内容复制或者移动到相应的 HDFS目录中。

(4) **执行**：Hive中大多数查询的执行是通过 Hadoop提供的 MapReduce来实现的。

(5) **执行延迟**：之前提到，Hive在查询数据的时候，由于索引功能还不够完善，需要扫描整个表，因此延迟较高。另外一个导致Hive执行延迟高的因素是 MapReduce

框架。由于 MapReduce本身具有较高的延迟，因此在利用MapReduce执行Hive查询时，也会有较高的延迟。

(6) **可扩展性**：Hive是建立在Hadoop之上的，因此Hive的可扩展性是和Hadoop的可扩展性一致的。

(7) **数据规模**：由于Hive建立在集群上并可以利用MapReduce进行并行计算，因此可以支持很大规模的数据。

5.1.1 Hive体系架构

Hive架构如图5-1所示。

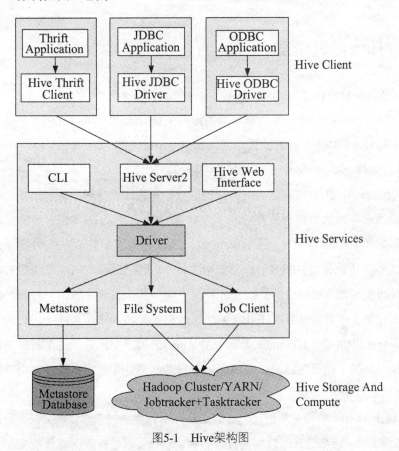

图5-1　Hive架构图

Hive系统总体上分为以下几个部分。

➤ UI：用户提交查询请求与获得查询结果。其包括三个接口：命令行(CLI)、

Web GUI和客户端。

➤ Driver：接受查询请求，经过处理后返回查询结果。

➤ Compiler：编译器，分析查询SQL语句，在不同的查询块和查询表达式上进行语义分析，并最终通过从Metastore中查找表与分区的元信息生成执行计划。

➤ Execution Engine：执行引擎，执行由Compiler创建的执行计划，执行引擎管理不同阶段的依赖关系，通过MapReuce执行这些阶段。

➤ Metastore：元数据储存，元数据存储在MySQL或derby等数据库中。元数据包括Hive各种表与分区的结构化信息，列与列类型信息，序列化器与反序列化器等，从而能够读写HDFS中的数据。

5.1.2　Hive数据模型

Hive的数据模型包括database、table、partition和bucket。

(1) Database：相当于关系数据库里的命名空间(NameSpace)，它的作用是将用户和数据库的应用隔离到不同的数据库或模式中，Hive提供了create database dbname、use dbname以及drop database dbname这样的语句。

(2) 表(table)：Hive的表逻辑上由存储的数据和描述表格中的数据形式的相关元数据组成。表存储的数据存放在分布式文件系统里，例如HDFS，元数据存储在关系数据库里，当我们创建一张Hive的表，还没有为表加载数据的时候，该表在分布式文件系统，例如HDFS上就是一个文件夹(文件目录)。Hive里的表有两种类型，一种叫托管表，这种表的数据文件存储在Hive的数据仓库里；一种叫外部表，这种表的数据文件可以存放在Hive数据仓库外部的分布式文件系统上，也可以放到Hive数据仓库里(注意：Hive的数据仓库就是hdfs上的一个目录，这个目录是Hive数据文件存储的默认路径，它可以在Hive的配置文件里进行配置，最终也会存放到元数据库里)。

(3) 桶(bucket)：分桶是将数据集分解成更容易管理的若干部分的另一个技术，上面的table和partition都是目录级别的拆分数据，bucket则是对数据源数据文件本身来拆分数据。使用桶的表会将源数据文件按一定规律拆分成多个文件。

5.1.3　Hive应用场景

Hive提供数据提取、转换、加载功能，并可用类似于SQL的语法，对HDFS海量数据库中的数据进行查询、统计等操作。形象地说，Hive更像一个数据仓库管理工具，适用于结构化数据的应用，读多写少的应用，响应时间要求不高的场合。

Hive常用于以下几个方面：

(1) 数据汇总(每天/每周用户点击数，点击排行)；

(2) 非实时分析(日志分析，统计分析)；

(3) 数据挖掘(用户行为分析，兴趣分区，区域展示)。

5.1.4　本节技术要点回顾

Hive是基于Hadoop平台的数据仓库工具，它将结构化的数据映射成数据库中的表并提供类SQL的语句对数据进行操作。Hive使用HDFS作为存储，使用MapReduce作为计算，使用类SQL(HQL)作为查询接口的特点。Hive可以应用于如下场景：

➢ Hive适应于海量数据的离线分析处理，对于读多写少、对响应时间要求不高的场合适合使用Hive，如数据汇总、非实时分析和数据挖掘等应用。

➢ Hive适用于结构化数据的处理。

对于数据量较小的应用场景应该使用关系型数据库，对于海量数据，同时对查询有实时性要求且要求比较高的场合，应该使用其他大数据工具，如Impala和Spark。

5.2　Hadoop分布式数据库HBase

HBase建立在hdfs之上，提供高可靠性、高性能、列存储、可伸缩、实时读写的数据库系统。它介于nosql和RDBMS之间，主要通过行键(row key)和行键序列来检索数据，仅支持单行事务(可通过Hive支持来实现多表联合等复杂操作)，主要用来存储非结构化和半结构化的松散数据。与Hadoop一样，HBase的目标是主要依靠横向扩展，通过不断增加廉价的商用服务器，来增加计算和存储能力。

HBase表一般有如下特点。

➢ 大：一个表可以有上亿行，上百万列。

➢ 面向列：面向列(族)的存储和权限控制，列(族)独立检索。

➢ 稀疏：对于为空(null)的列，并不占用存储空间，因此，表可以设计得非常稀疏。

5.2.1 HBase体系架构

HBase的服务器体系结构遵循主从服务器架构。它由HMaster和HRegion Server组成，HMaster负责管理所有的HRegion Server，HBase中所有的服务器都通过ZooKeeper来协调。HBase的体系结构如图5-2所示。

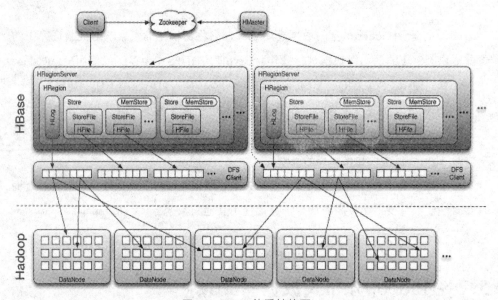

图5-2　HBase体系结构图

HBase体系结构中，各部分分别负责如下工作。

HMaster：

(1) 为HRegion Server分配HRegion；

(2) 负责HRegion Server的负载均衡；

(3) 发现失效的HRegion Server并重新分配其上的HRegion。

(4) 管理用户对table的增删改查操作。

HRegion Server:

(1) HRegion Server维护HMaster分配给它的HRegion，处理对这些HRegion的IO请求；

(2) HRegion Server负责切分在运行过程中变得过大的HRegion。

ZooKeeper：

(1) 保证任何时候，集群中只有一个HMaster；

(2) 存储所有HRegion的寻址入口；

(3) 实时监控HRegion Server的状态，将HRegion Server的上线和下线信息实时通知给HMaster。

Client:

HBase Client使用RPC与HMaster和HRegionServer通信。对于管理类操作，Client与HMaster通信，对于数据读写类操作，与HRegionServer通信。Client访问HBase数据的过程并不需要HMaster参与。

HBase Shell:

HBase Shell 提供了大量的 HBase 命令，通过 HBase Shell 用户可以方便地创建、删除及修改表，还可以向表中添加数据、列出表中的相关信息等。

5.2.2　HBase设计思路

➢ LSM：采用LSM树(Log-Structured Merge Tree)作为存储引擎，支持增、删、读、改、顺序扫描，解决磁盘随机写问题。将对数据的修改增量保持在内存中，达到指定的大小限制后将这些修改操作批量写入磁盘，读取数据时需要合并磁盘中的历史数据和内存中最近的修改操作，写入性能大大提升，读取时可能需要先看是否命中内存，否则需要访问较多的磁盘文件。LSM树和B+树相比，LSM树牺牲了部分读性能，用来大幅提高写性能。

➢ HFile：解决数据索引问题，只有索引才能高效读。

➢ WAL：解决数据持久化，面对故障的持久化。

➢ ZooKeeper：解决核心数据的一致性和集群恢复。

➢ HDFS：使用HDFS存储，解决数据副本和可靠性问题。

5.2.3　HBase表逻辑视图

HBase以表的形式存储数据。表由行和列组成，列划分为若干个列族(column family)。HBase表逻辑结构如图5-3所示。

Row Key	Time stamp	Name Family		Address Family	
		first_name	last_name	number	address
row1	t1	**Bob**	**Smith**		
	t5			10	First Lane
	t10			30	Other Lane
	t15			**7**	**Last Street**
row2	t20	**Mary**	Tompson		
	t22			77	One Street
	t30		**Thompson**		

图5-3　HBase表逻辑结构图

行健

与nosql数据库一样，行键(row key)是用来检索记录的主键。访问HBase表中的行有三种方式：

  ➢ 通过单个行键访问；

  ➢ 通过行键序列访问；

  ➢ 全表扫描。

行键可以是任意字符串(最大长度是64KB，实际应用中长度一般为 10~100bytes)，在HBase内部，行键保存为字节数组。

存储时，数据按照行键的字典序排序存储。设计行键时，可以充分利用排序存储这个特性，将经常一起读取的行存储放到一起。

列族

HBase表中的每个列，都归属某个列族。列族是表元数据的一部分(而列不是)，必须在使用表之前定义。列名都以列族作为前缀。例如courses：history、courses：math 都属于 courses 这个列族。

访问控制、磁盘和内存的使用统计都是在列族层面进行的。

时间戳

HBase中通过行键和列确定的一个存贮单元称为cell。每个cell都保存着同一份数据的多个版本。版本通过时间戳来索引。时间戳的类型是64位整型。时间戳可以由HBase(在数据写入时自动)赋值，此时时间戳是精确到毫秒的当前系统时间。时间戳也可以由客户显式赋值。如果应用程序要避免数据版本冲突，就必须自己生成具有唯一性的时间戳。每个cell中，不同版本的数据按照时间倒序排序，即最新的数据排在最前面。

为了避免数据存在过多版本造成的管理(包括存贮和索引)负担，HBase提供了两种数据版本回收方式。一是保存数据的最后n个版本，二是保存最近一段时间内的版本(比如最近7天)。用户可以针对每个列族进行设置。

单元

由{row key, column(=<family> + <label>)，version}唯一确定的单元(cell)，cell中的数据是没有类型的，全部以字节码形式存储。

5.2.4 HBase表物理存储

HBase表中的所有行都按照行键的字典序排列，表在行的方向上分割为多个HRegion，如图5-4所示。

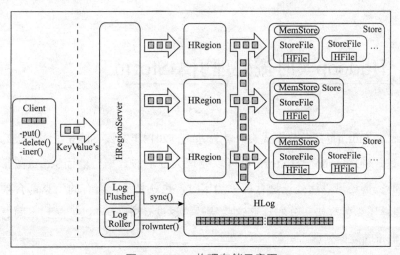

图5-4 HBase物理存储示意图

HRegion按大小可以分割，每一个表一开始只有一个HRegion，随着数据不断插入表，HRegion不断增大，当增大到一定阈值的时候，HRegion就会等分为两个新的HRegion。当表中的行不断增多，就会有越来越多的HRegion。

HRegion是HBase中分布式存储和负载均衡的最小单元。最小单元就表示不同的HRegion可以分布在不同的HRegion Server上，但是一个HRegion不会拆分到多个HRegion Server上。

HRegion虽然是分布式存储的最小单元，但不是存储的最小单元。HRegion由一个或者多个Store组成，每一个Store都保存一个列族。每一个Store又由一个memStore和多个StoreFile组成，StoreFile以HFile格式保存在HDFS上。

5.2.5 本节技术要点回顾

HBase是基于HDFS的面向列的分布式数据库系统，HBase具有高可靠性、高性能、列存储、可伸缩、实时读写的特点。HBase的可适应于如下场景：

➤ 存储和查询半结构化和非结构化的数据；

➤ 存储和查询记录稀疏的数据，这样既能节省空间，又能提高读性能。

➤ 存储和查询超大数据量的数据。

➤ 业务场景简单，不需要全部的关系数据库特性，例如交叉列、交叉表、事务、连接等操作的场景。

5.3　Hadoop实时流处理引擎Storm

Apache Storm是开源分布式实时计算系统，2014年9月，Storm正式升级为Apache顶级项目，同Hadoop一样Storm也可以处理大批量的数据，然而Storm在保证高可靠性的前提下还可以让处理进行得更加实时，也就是说，所有的信息都会被处理。Storm同样还具备容错和分布计算这些特性，这就让Storm可以扩展到不同的机器上进行大批量的数据处理。

Storm可水平扩展，支持容错，保证所有数据被处理，易于安装维护，可以使用各种程序设计语言开发，具备高性能，单节点每秒可以处理上百万记录。

5.3.1　Storm体系架构

Storm是典型Master-Slave架构，Storm集群中有两种节点，一种是控制节点(Nimbus节点)，另一种是工作节点(Supervisor节点)。Topology任务提交给Nimbus节点，Nimbus分配给其他Supervisor节点进行处理。Nimbus节点首先将提交的Topology进行分片，分成一个个的Task，并将Task和Supervisor相关的信息提交到ZooKeeper集群上，Supervisor会去ZooKeeper集群上认领自己的Task，通知自己的Worker进程进行Task的处理。Storm架构如图5-5所示。

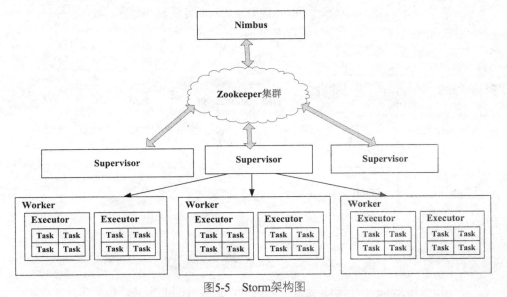

图5-5　Storm架构图

> Nimbus：主控守护进程，用于调度分布在集群中的节点，分配任务和监测故障。
> Supervisor：工作节点守护进程，用于收听工作指派并根据Nimbus要求启动worker进程。每个工作节点都是topology中一个子集的实现。
> ZooKeeper：ZooKeeper是完成Supervisor和Nimbus之间协调的服务。
> Worker进程：运行具体处理组件逻辑的进程，Storm集群的任务构造者，构造Spoult或Bolt的Task实例，启动Executor线程。
> Executor线程：Storm集群的任务执行者，循环执行Task代码。
> Task：1个Task执行实际的数据处理逻辑，Task是最终运行Spout或Bolt中代码的单元。

5.3.2 Storm数据流模型

Storm 实现了一种数据流模型，其中数据持续地流经一个转换实体网络。一个数据流的抽象称为一个流，这是一个无限的元组序列。元组就像一种使用一些附加的序列化代码来表示标准数据类型(比如整数、浮点和字节数组)或用户定义类型的结构。每个流由一个唯一 ID 定义，这个ID用于构建数据源和接收器(sink) 的拓扑结构——Topology(实时计算任务)。

流起源于喷嘴Spout，喷嘴将数据从外部来源流入 Storm 拓扑结构中。计算处理器称为螺栓Bolt，通过实现Spout和Bolt接口完成对业务逻辑的处理，如图5-6所示。

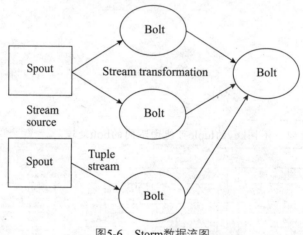

图5-6　Storm数据流图

Storm的Topology从启动开始就一直运行，只要有tuple到来，各个环节就会被出发执行。需要注意的是，所有的Spout方法尽量不要有能够引入阻塞的逻辑，因为所有的Spout方法是在同一个线程中调用的，如果某个方法被阻塞，后续的方法调用也将会被阻塞。

Bolt是Storm中处理数据的核心，可以做很多种的数据处理工作，例如filtering、functions、aggregations、joins等。

5.3.3 Storm数据流分发方式

Storm中的所有的Bolt处理数据都是可以并行的，每一种Bolt都会由一定数目的Bolt任务实例负责并发处理。因此需要负载均衡策略来处理tuple在bolt间的分发。

Storm提供了流的分组(Stream Groupings)，用来控制(Spout，Bolt) 之间元组处理的负载分发策略，Storm提供了几种内置的分发策略，如图5-7所示。

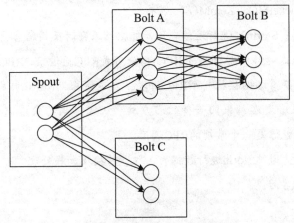

图5-7　Storm数据流分发方式图

➢ Shuffle grouping：随机均匀分发到所有的bolts中。

➢ Fields grouping：按照tuple中的某个字段分配任务，同一个key的tuple由同一个bolt处理，不同key的tuple可能由不同的bolt处理。

➢ All grouping：每一个tuple将会复制到每一个bolt中处理。

➢ Global grouping：stream中的所有的tuple都会发送给同一个bolt任务处理，所有的tuple将会发送给拥有最小task_id的bolt任务处理。

➢ None grouping：不关注并行处理负载均衡策略时使用该方式，目前等同于shuffle grouping，另外storm将会把bolt任务和他的上游提供数据的任务安排在同一个线程下。

➢ Direct grouping：由tuple的发射单元直接决定tuple将发射给哪个bolt，一般情况下是由接收tuple的bolt决定接收哪个bolt发射的tuple。

➢ Local or shuffle grouping：如果发射方bolt的任务和接收方的bolt任务在同一个工作进程下，则优先发送给同一个进程下的接收方bolt任务，否则和shuffle grouping策略一样。

5.3.4　Storm应用场景

➢ 信息流处理：Storm可用来实时处理新数据和更新数据库，兼具容错性和可扩展性，即Storm可以用来处理源源不断流进来的消息，处理之后将结果写入某个存储中。Storm输入输出支持Kafka、HBase、RabbitMQ、Database、JMS、RocketMQ、ZeroMQ等。

➢ 连续计算：Storm可进行连续查询，并把结果即时反馈给客户端。

➢ 支持分布式远程程序调用(DRPC)：分布式RPC通过"DRPC server"协调。DRPC服务器协调接收一个RPC请求，发送请求到Storm拓扑，从Storm拓扑接收结果，发送结果回等待的客户端。从客户端的角度来看，一个分布式RPC调用就像是一个常规的RPC调用。

➢ ETL处理：通过Storm进行数据的抽取、转换及加载处理。

➢ 在线机器学习。

5.3.5　本节技术要点回顾

Storm是开源分布式实时计算系统，Storm具有可水平扩展、支持容错、保证所有数据被处理、易于安装维护、可以使用各种程序设计语言开发、高性能等优点。Storm在信息流处理、连续计算、分布式远程程序调用、ETL处理、在线机器学习等场景下都适用。

5.4　Hadoop交互式查询引擎Impala

Hive在查询数据的时候，采用了MapReduce执行框架。由于MapReduce本身具有较高的延迟，因此在利用MapReduce执行Hive查询时，延时比较长。为了提升查询速度解决Hadoop批处理延迟问题，Cloudera公司发布了Impala实时查询引擎。

Impala是基于MPP的SQL查询系统，可以直接为存储在HDFS或HBase中的Hadoop数据提供快速、交互式的SQL查询。Impala和Hive一样也使用了相同的元数据、SQL语法(Hive SQL)、ODBC驱动和用户接口(Hue Beeswax)，这就很方便地为用户提供了一个相似并且统一的平台来进行批量或实时查询。

Impala设计目标：

(1) 分布式环境下通用SQL引擎，既支持OLTP，也支持OLAP；

(2) SQL查询的规模和粒度，从毫秒级到小时级；

(3) 底层存储依赖HDFS和HBase；

(4) 使用更加高效的C++编写；

(5) SQL的执行引擎借鉴了分布式数据库MPP的思想而不再依赖MapReduce。

5.4.1　Impala体系结构

Impala系统架构图如图5-8所示。

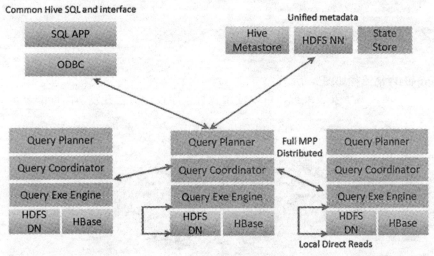

图5-8　Impala架构图

Impala主要包括以下组成部分。

➤ **Impala shell**：客户端工具，提供一个交互接口ODBC，供使用者连接到Impalad发起数据查询或管理任务等。

➤ **Impalad**：分布式查询引擎，由Query Planner、Query Coordinator和Query Exec Engine三部分组成，可以直接从HDFS或者HBase中用SELECT、JOIN和统计函数查询数据。

➤ **State Store**：主要跟踪各个Impalad实例的位置和状态，让各个Impalad实例以集群的方式运行起来。

➤ Catalog Service：主要跟踪各个节点上对元数据的变更操作，并且通知到每个节点。

Impala支持以下特性：

➤ 支持ANSI-92 SQL所有子集，包括CREATE、ALTER、SELECT、INSERT、JOIN和 subqueries；

➤ 支持分区join、完全分布式聚合以及完全分布式top-n查询；

➤ 支持多种数据格式，如Hadoop原生格式(pache Avro、SequenceFile、RCFile with Snappy、GZIP、BZIP或未压缩)、文本(未压缩或者LZO压缩)和Parquet(Snappy或未压缩)。

➤ 可以通过JDBC、ODBC、Hue GUI或者命令行shell进行连接。

5.4.2　Impala内部流程

Impala内部流程如图5-9所示。

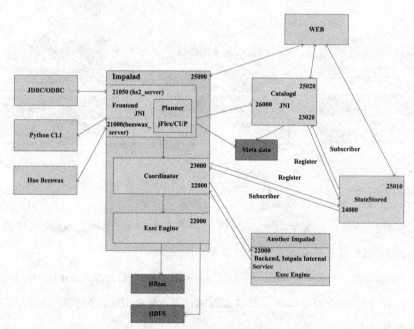

图5-9　Impala内部流程图

Impala内部包括Impalad、statestore和catalog三个组件，具体如下。

➤ Impalad：分为frontend和backend两部分，这个进程有三个ThriftServer(beeswax_ server，hs2_server，be_server)对系统外和系统内提供服务。frontend接收impala-shell命令、Hue、JDBC和ODBC发送来的请求，解析成执行计划，通过backend的Coordinator发送消息给Exec Engine和集群中其他impala节点backend的Exec Engine，其他节点返回查询结果给此节点。查询可以发送给任意一个节点上运行的impalad进程，这个节点叫做这个查询的协调节点，其他处理协调节点发送请求的节点，返回各自查询结果给协调节点，所有的节点的返回结果构成了最终的查询结果。

➤ Statestored：集群内各个backend service的数据交换中心，每个backend会在statestored注册，以后statestored会与所有注册过的backend交换update消息。每个集群中只有一个statestored进程。如果一个impala节点进程离线，statestored会通知所有其他impala节点，所以以后的查询不会发送给此不可及的节点。

➤ Catalogd：此进程负责操作metedata。当Impala SQL语句改变了metadata，它通过statestored传递metadata改变信息给集群中所有impala节点。每个集群中只有一个catalogd进程。

5.4.3　Impala与Hive的关系

Impala与Hive都是构建在Hadoop之上的数据查询工具。从客户端使用来看，Impala与Hive有很多的共同之处，如数据表元数据、ODBC/JDBC驱动、SQL语法、灵活的文件格式、存储资源池等。Hive适合于长时间的批处理查询分析，而Impala适合于实时交互式SQL查询。Impala给数据分析人员提供了快速实验、验证想法的大数据分析工具。

Impala相对于Hive的优势

➤ Impala没有使用MapReduce进行并行计算，把整个查询分成一执行计划树，Impala使用拉式获取数据的方式获取结果，把结果数据组成按执行树流式传递汇集，减少了把中间结果写入磁盘的步骤，再从磁盘读取数据的开销。Impala使用服务的方式避免每次执行查询都需要启动的开销，即相比Hive没了MapReduce启动时间。

➤ 使用LLVM产生运行代码，针对特定查询生成特定代码，同时使用Inline的方式减少函数调用的开销，加快执行效率。

➤ 充分利用可用的硬件指令。

➤ 更好的IO调度，Impala知道数据块所在的磁盘位置，能够更好地利用多磁盘的优势，同时Impala支持直接数据块读取。

➤ 通过选择合适的数据存储格式可以得到最好的性能(Impala支持多种存储格式)。

➤ 最大使用内存，中间结果不写磁盘，及时通过网络以stream的方式传递。

5.4.4　本节技术要点回顾

Impala基于MPP的SQL查询系统，可以直接为存储在HDFS或HBase中的Hadoop数据提供快速、交互式的SQL查询。与Hive相比，Impala中间结果不写磁盘，而是通过网络和stream的方式传递，能最大地使用内存。Impala支持多种存储格式，有着更好的IO调度和执行效率。Impala的应用场景应满足如下条件：

➤ 查询结果集不大，应该小于内存；

➤ 短查询，因为Impala查询不容错；

➤ 某些应用场景下Impala配合Hive使用会发挥更好的效果。

5.5　其他常用组件

5.5.1　Oozie

Oozie是服务于Hadoop生态系统的工作流调度工具，job运行平台是区别于其他调度工具的最大的不同，但其实现的思路跟一般调度工具几乎完全相同。

Oozie工作流通过HPDL(一种通过XML自定义处理的语言，类似JBOSS JBPM的JPDL)来构造。

Oozie工作流中的Action在远程系统(如Hadoop，Pig服务器上)运行。一旦Action完成，远程服务器将回调Oozie的接口，并通知Action已经完成，这时Oozie又会以同样的方式执行工作流中的下一个Action，直到工作流中所有Action都完成(完成包括失败)。

Oozie工作流提供各种类型的Action用于支持不同的需要，如Hadoop Map/Reduce、Hadoop File System、Pig、SSH、HTTP、Email、Java以及Oozie子流程。Oozie也支持自定义扩展以上各种类型的Action。

Oozie任务分为三种模式：

➢ workflow，这种方式最简单，就是定义DAG来执行；

➢ coordinator，构建在workflow工作方式之上，提供定时运行和触发运行任务的功能；

➢ bundle，作用就是将多个coordinator管理起来，这样我们只需要提供一个bundle提交即可，然后可以start/stop/suspend/resume任何coordinator。

Oozie的系统架构如图5-10所示。

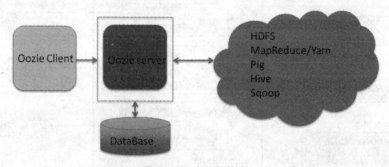

图5-10　Oozie架构图

一个正常工作的Oozie系统须包含如下4个模块：Oozie Client、Oozie Server、DataBase和Hadoop集群。

Oozie Client可以通过Web Service API、Java API、Command line向Oozie Server提交工作流任务请求。Oozie客户端可以通过REST API或者Web GUI来从Oozie服务端获取Job的日志流。通常在Client端包括工作流配置文件、工作流属性文件和工作流库。

Oozie Server负责接收客户端请求、调度工作任务、监控工作流的执行状态。Oozie本身不会执行具体的job，而是将job的配置信息发送到执行环境。

DataBase用于存储Bundle、Coordinator、Workflow工作流的action信息、job信息，记录Oozie系统信息。简单来说，除了Oozie运行日志存在本地硬盘而不存在DB中，其他信息都存储到DB。

Hadoop集群运行Oozie工作流的实体，负责处理Oozie Server提交来的各种job，包括HDFS、MapReduce、Hive、Sqoop等Hadoop组件提交的job。

5.5.2 Kafka

传统的日志分析系统提供了一种离线处理日志信息的可扩展方案，但若要进行实时处理，通常会有较大延迟。而现有的消息(队列)系统能够很好地处理实时或者近似实时的应用，但未处理的数据通常不会写到磁盘上，这对于Hadoop之类(一小时或者一天只处理一部分数据)的离线应用而言，可能存在问题。Kafka正是为了解决以上问题而设计的，它能够很好地离线和在线应用。

Kafka架构如图5-11所示。

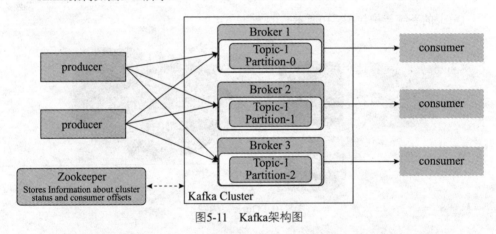

图5-11　Kafka架构图

Kafka是显式分布式架构，producer、broker(Kafka)和consumer都可以有多个。Kafka的作用类似于缓存，即活跃的数据和离线处理系统之间的缓存。这里叙述几个基本概念。

(1) message(消息)是通信的基本单位，每个producer可以向一个topic(主题)发布一些消息。如果consumer订阅了这个主题，那么新发布的消息就会广播给这些consumer。

(2) Kafka是显式分布式的，多个producer、consumer和broker可以运行在一个大的集群上，作为一个逻辑整体对外提供服务。对于consumer，多个consumer可以组成一个group，这个message只能传输给某个group中的某一个consumer。

Kafka的特性：

(1) 数据在磁盘上存取代价为O(1)；

(2) 高吞吐率，即使在普通的节点上每秒钟也能处理成百上千的message；

(3) 显式分布式，即所有的producer、broker和consumer都会有多个，均为分布式的；

(4) 支持数据并行加载到Hadoop中。

5.5.3 Sqoop

Sqoop即SQL to Hadoop，是一款方便在传统型数据库与Hadoop之间进行数据迁移的工具，充分利用MapReduce并行特点，以批处理的方式加快数据传输，发展至今主要演化了两大版本，即Sqoop1和Sqoop2。

Sqoop工具是Hadoop下连接关系型数据库和Hadoop的桥梁，支持关系型数据库和Hive、HDFS，HBase之间数据的相互导入，可以使用全表导入和增量导入。

Sqoop高效、可控地利用资源，可以自动进行数据类型的映射与转化，同时支持多种主流数据库，如MySQL、Oracle、SQL Server、DB2等。

Sqoop2的架构如图5-12所示。

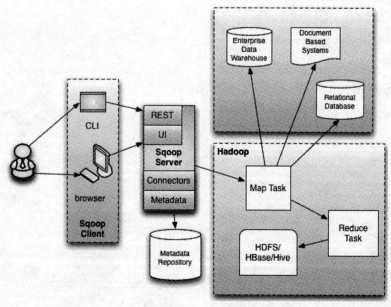

图5-12　Sqoop2架构图

5.5.4 其他

除了Oozie、Sqoop、Kafka外，Flume、Chukwa等也是常用组件。

Flume是Cloudera提供的一个高可用的、高可靠的、分布式的海量日志采集、聚合和传输的系统，Flume支持在日志系统中定制各类数据发送方，用于收集数据；同时，Flume提供对数据进行简单处理，并写到各种数据接受方(可定制)的能力。

Chukwa是一个开源的、用于监控大型分布式系统的数据收集系统。Chukwa还包含了一个强大和灵活的工具集，可用于展示、监控和分析已收集的数据。

限于篇幅，本文不再一一介绍。

第 6 章

Spark内存计算框架

6.1 内存计算与Spark

6.1.1 Apache Spark简介

Apache Spark是一套由UC Berkeley AMP实验室开发，基于内存计算的开源分布式计算框架。面向海量规模数据，Apache Spark能够提供低延迟、高性能的数据处理。Apache Spark在整个生态圈中的位置如图6-1所示，与Tez、Storm等并列为计算框架。

图6-1　Apache Spark在生态圈中的位置

Apache Spark借鉴和改进了另外两个著名的分布式计算框架MapReduce、Dryad的设计思想。传统的Apache Hadoop基于MapReduce机制，在面对需要重复利用程序产生的中间数据的应用时(例如机器学习领域会频繁用到的梯度下降算法、图计算算法等)，由于MapReduce机制本身的限制，两个MapReduce作业之间想要共享数据，一般需要将数据写入到外置稳定文件系统，例如HDFS当中，在需要重复使用的时候再将数据读出，且写入时会有多个副本，因此会造成很大的磁盘I/O开销。Apache Spark则立足于内存计算，使用高速内存代替磁盘来存储数据处理过程中产生的中间数据，下一次操作可以直接从内存中读取，因此相比Apache Hadoop，Apache Spark在迭代式应用上运行性能提升显著，甚至可达百倍之多。这里需要特别强调的是，**内存计算指的是迭代运算中或者SQL中反复处理的表，即对于同一个数据集反复运**

算时，可以将该数据集缓存到内存中，如cache一个RDD或者cache一张表，非指Shuffle过程的数据在内存中，这块处理与MapReduce一致，均是需要落到Map端本地磁盘的。此外，Apache Spark兼容Apache Hadoop的API，能够读写HDFS、HBase中的文件，提供包括Map和Reduce操作在内更多的数据操作接口，编程模型也比Apache Hadoop更加灵活易用。

由于出色的运算性能和丰富的特性，Apache Spark已经成为当前主流的大数据处理框架，2013年6月，Apache Spark入选Apache软件基金会的孵化器项目；2014年2月，Apache Spark成功从Apache软件基金会孵化成功，成为Apache旗下又一个顶级项目。

6.1.2　Apache Spark的特点

Apache Spark主要有如下特点。

➢ 速度快，在2014 Daytona GraySort比赛中取得了第一，之前很长一段时间均由Apache Hadoop的MapReduce保持，且相对于前记录，是在使用了1/10的资源情况下，耗时仅为之前的1/3，这个相对于MapReduce来说，是单次MapReduce的性能胜出，因为两者中间的shuffle数据均需要落到本地磁盘。

➢ 开发简单，对开发人员提供Scala/Java/Python/R实现的API接口，实现同样功能，所需要编写的代码行数也远远少于Apache Hadoop环境下的开发代码行数。有着丰富算子方便业务实现，如：Map、filter、flatMap、MapPartitions、sample、pipe、union、groupByKey、reduceByKey、sortByKey、join、count、take、countByValue等。流式处理和批处理的业务逻辑处理代码可以复用。

➢ 支持DAG，现阶段实现DAG有以下两种常见的方式，一是自底而上的，如Tez的模式，二是自顶而下的方式，如Spark、Flink。自顶而下的方式有两点好处：一是开发简单，使用简单也是Spark的一个自始至终的设计理念；二是性能提升，相对于MapReduce来说，其节省了多次Reduce中间HDFS落地的时间。

➢ 一站式解决，涵盖了从批处理、流处理、机器学习、图计算、SQL等多种应用模式，降低了企业人员成本及组件维护成本，同时节省了多个组件之间的数据传递的无效损耗，如中间数据存放在HDFS中。

➢ 高度可扩展性，实际生产环境中最多支持超过8 000个节点。

➢ 丰富的第三方库和日益成熟的生态环境，包括应用于流处理领域的Spark Streaming，应用于图像处理领域的GraphX，应用机器学习领域的MLlib，应用于数据查询领域的Spark SQL，以及应用于金融和统计领域的SparkR，等等。

➢ 基于函数式编程语言Scala实现，Apace Spark的核心代码行数与Apache Hadoop相比数量少很多，却能实现不差于后者的功能及性能。

➢ 简单、快速、一站式解决，以及现在活跃的社区，大大降低了大数据在企业应用中的门槛，同时相对于其他的大数据组件也可以很大程度地降低企业的成本。

6.1.3　Apache Spark的由来及历史

Spark于2009年诞生于UC Berkeley AMP Lab，它最初属于伯克利大学的研究性项目，后来在2010年正式开源，并于2013年成为了Apache基金项目，到2014年成为Apache基金的顶级项目，整个发展过程不到五年时间。

正由于Spark来自于大学，其整个发展过程都充满了学术研究的标记，是学术带动Spark核心架构的发展，如弹性分布式数据集(RDD[1]，resilient distributed datasets)、Shark[2]，相关的文档也对学习Spark本身有很好的借鉴意义。

6.2　Spark的主要概念

6.2.1　RDD

RDD (弹性分布式数据集，Resilient Distributed Dataset，下文简称RDD)是Apache

---

① Matei Zaharia, Mosharaf Chowdhury, Tathagata Das, Ankur Dave, Justin Ma, Murphy McCauley, Michael J. Franklin, Scott Shenker, Resilient Distributed Datasets: A Fault-Tolerant Abstraction for In-Memory Cluster Computing, Ion Stoica. NSDI 2012.

② Cliff Engle, Antonio Lupher, Reynold Xin, Matei Zaharia, Haoyuan Li, Scott Shenker, Shark: Fast Data Analysis Using Coarse-grained Distributed Memory (demo), Ion Stoica.

Spark应用程序开发过程中最为基本的概念，也是最为重要的一类数据结构。RDD被定义为**只读**、**分区化**的记录集合，更为通俗地讲，RDD是对原始数据的进一步封装，封装导致两个结果：第一个结果是数据访问权限被限制，数据只能被读，而无法被修改；第二个结果是数据操作功能被强化，使得数据能够实现分布式存储、并发处理、自动容错等诸多功能。

RDD有两类来源：第一类来源是将未被封装的原始数据进行封装操作得到，根据原始数据的存在形式，又可被进一步分成由**集合并行化**获得或从**外部数据集**中获得；第二类来源则是由其他RDD通过转换操作获得，由于RDD的只读特性，内部的数据无法被修改，因此RDD内部提供了一系列数据**转换(Transformation)**操作接口，这类接口可返回新的RDD，而不影响原来的RDD内容。

RDD的数据操作并非在调用内部接口的一刻便开始计算，而是遇到要求将数据返回给驱动程序，或者写入到文件的接口时，才会进行真正的计算，我们把这类会触发计算的操作称为**动作(Action)**操作，而这种延时计算的特性，被称为RDD计算的**惰性(Lazy)**。

Apache Spark是一套内存计算框架，其能够将频繁使用的中间数据存储在内存当中，数据被使用的频率越高，性能提升越明显。数据的内存化操作在RDD层次上，体现为RDD的持久化操作。除此之外，RDD还提供了类似于持久化操作的检查点机制，表面看上去与存储在HDFS的持久化操作类似，实际使用上又有诸多不同。

1. RDD内部结构

RDD是Apache Spark中的核心概念，每个RDD都具有如下属性或者方法：

➤ 用于存储数据分区信息的列表以及获取该列表的函数；

➤ 一个用于计算单个分区中的数据的函数；

➤ 一个用于存储与其他RDD依赖关系的列表以及获取该列表的函数；

➤ 适用于该RDD的变换操作和动作操作；

➤ 可选项，即对于数据类型为键值对的RDD，一个用于指定在Shuffle过程中如何根据Key值将数据分配给指定Reducer的分区器，以及获取该分区器的函数；

➤ 可选项，即一个首选位置函数，返回根据位置特征确定某特定分区最优的一个或者多个存储位置的列表。

Apache Spark使用RDD[T]表示存储数据类型为T的RDD，其中T可以是Scala语言中的基本类型和自定义类型(如case class)，包括键值对类型(K，V)，如果T是(K，V)，则K不允许为Array等复杂类型。

RDD包括MappedRDD、HadoopRDD、FilteredRDD等，对于一个RDD执行不同的变换操作，可能会得到不同类型的RDD。

2. 分区

在RDD中，数据被分割成许多小片，不同的分片对应的数据可能被隐式存储在不同的工作节点当中，从而实现计算的多节点并行。在RDD抽象表示层，每个小片被称为**分区(Partition)**，分区在读取HDFS的时候对应着底层数据存储层的一个处理单元：**块(Block)**，在Stage之间的时候，为按照reduce数进行切分的数据分区。

3. 依赖

RDD可以由其他RDD通过变换操作得到。变换操作对应两个或者多个RDD之间的关系，我们称为**依赖(Dependency)关系**。提供数据的一个或者多个RDD称为**父RDD**，创建得到的新RDD称为**子RDD**。需要注意：一个依赖中，父RDD可以存在多个，例如union转换操作所对应的依赖关系。

我们继续从分区的角度去理解依赖。如图6-2所示，空心虚线边框矩形表示一个RDD，实心矩形表示RDD中的各个分区，子RDD中的分区与父RDD中的分区同样存在对应关系，根据对应关系的不同，我们可以把依赖划分成两类，分别是：**窄依赖(Narrow Dependency)**和**宽依赖(Wide Dependency，内部称之为Shuffle依赖：Shuffle Dependency)**。窄依赖中，子RDD中的每个分区都依赖于父节点RDD中的少量分区；Shuffle 依赖中，子RDD中的每个分区依赖于全部的父节点RDD，这意味着在转换过程中会存在Shuffle操作。图6-2中，左边的变换操作属于窄依赖，右边的变换操作属于宽依赖。

尽管窄依赖中的"依赖少量分区"很难去定量描述，在Apache Spark内部表示的窄依赖实际上全部都是**一对一依赖**，即子RDD的每个分区唯一依赖于父RDD中的一个分区，因此我们可以把窄依赖简单理解成一对一依赖。

需要注意的是，变换操作相互之间并非独立，一个变换操作会调用其他简单的变换操作，因此一个变换操作内部不一定仅仅存在一个依赖关系，例如最常用的

sc.Textfile会包含HadoopRDD、MappedRDD两个RDD，分别用于从HDFS上读取数据和读取每条记录中的V字段的Map操作，因为HDFS上的文件是[K，V]结构的。

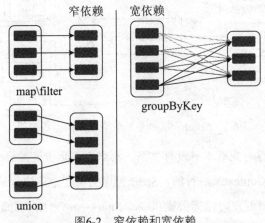

图6-2　窄依赖和宽依赖

6.2.2　Spark架构

Spark框架本身支持多种部署方式，内部设计主要是将调度、任务管理等进行抽象，将共性的部分封装，特性化的部分区分对待。其中Spark本身Standalone集群是粗粒度的资源调度，即提交作业的时候会一次性全部申请相应的资源，申请成功之后才进行后续程序的执行，在Spark 1.5之后的版本，也支持在Standalone方式下的动态扩展Executor。在yarn的部署方式下支持动态扩展Executor，这个是为Hive项目的Hive On Spark开发的，可以指定最少占用的Excutor个数，在任务数多的时候，自动动态扩展资源申请，任务少的时候归还资源。

Spark本身包含Standalone的集群方式，主要由Master节点以及多个Worker节点组成。Worker的高可用由Master来保证，Master本身的单点问题是通过启用两个Master，通过ZooKeeper来竞选当前的主用，也可以单Master持久化信息，重启Master时从文件的恢复方式来达到Master高可用。Standalone集群本身的作用主要就是负责CPU、内存两种资源的分配，以及环境变量、参数的携带。真正Spark作业的调度基本在各种部署方式下都是一样的，基本见图6-3。

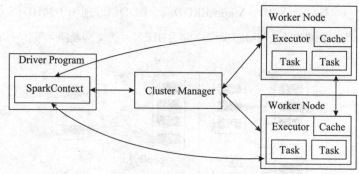

图6-3　Apache Spark在集群环境中的运行框架

　　Spark job的执行与集群本身没有关系，集群主要负责资源分配。Spark应用与集群沟通是通过SparkContext来进行的，Spark程序的第一个事情就是创建 SparkContext对象，SparkContext创建时候需要提供一个SparkConf对象，SparkConf包含了应用程序的相关信息，包括应用程序名、Master节点在集群中的位置、Spark的安装目录等，如果程序中未指定，则从配置文件中获取。

　　真正负责Spark调度的是SparkContext中的DAGScheduler和TaskScheduler，如图6-4所示。RDD由SparkContext生成，后续的RDD转换中均包含了该SparkContext，当遇到动作的时候，会隐式地触发一个任务提交，通过RDD中的SparkContext找到DAGScheduler进行提交。DAGScheduler会根据RDD的转换找到RDD之间的依赖关系，从最后一个RDD依次往前，根据宽窄依赖进行阶段(stage)切分。然后就是递归寻找没有缺失父依赖的阶段(stage)进行提交，直到算到最后一个触发动作的(action)的RDD，然后计算相关的结果。

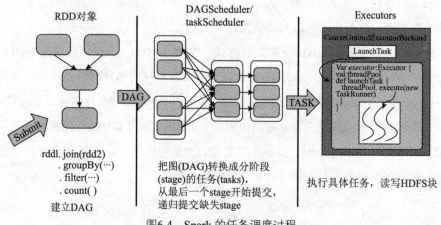

图6-4　Spark 的任务调度过程

为了便于后续文章的理解，我们介绍一些关键术语的定义。

➢ 应用(Application)

其与Apache Hadoop中的应用概念等价，是用户希望在集群中运行的程序。如图6-3所示，应用由一个驱动程序和运行在集群上的多个执行器组成。

➢ 驱动程序(Driver Program)

在客户端(用户端)运行，包含应用入口main函数的程序。用户在main函数中创建SparkContext对象，用于初始化Apache Spark的底层模块，连接集群管理器，随后用户需要在main函数中调用Apache Spark数据接口完成对数据的操纵。Spark也支持集群方式的应用提交，这个时候Driver是在集群中运行的。

➢ 集群管理器(Cluster Manager)

集群的资源管理器负责为不同的应用分配集群的计算节点、存储空间等资源。目前Apache Spark支持三类集群管理器，分别是Standalone、Apache Yarn和Apache Mesos。

➢ 执行器(Executor)

执行器是在工作节点上专门为执行某一应用所启动的一个进程，该进程负责运行任务，以及将数据存储在内存或者磁盘中。执行器维护一个线程池，线程池中的每个线程可以执行一个任务。每个执行器所执行的任务都归属于同一个应用。

➢ 弹性分布式数据集(RDD)

Apache Spark程序中的一种抽象数据结构，用于封装和管理数据集，并提供一系列数据操作接口。

➢ 任务(Task)

任务是被送到执行器上的工作单元。

➢ 作业(Job)

作业是由多个Task组成的并行计算，在Apache Spark中，作业由对数据的动作操作触发生成。

➢ 阶段(Stage)

每个作业会被划分成多组任务，每组任务的集合被称为阶段。

6.2.3　编程模型简介

Apache Spark的编程模型如图6-5所示。

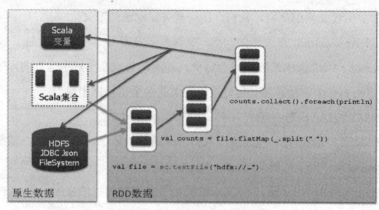

图6-5　Apache Spark编程模型

开发人员在编写Apache Spark应用的时候，需要提供一个包含main函数的驱动程序，以作为程序的入口，开发人员根据自己的需求，在main函数中调用Apache Spark提供的数据操纵接口，利用集群对数据执行并行操作。

Apache Spark为开发人员提供了两类抽象接口。第一类抽象接口是RDD，RDD是对数据集的抽象封装，开发人员可以通过RDD提供的开发接口来访问和操纵数据集合，而无须了解数据的存储介质(内存或磁盘)、文件系统(本地文件系统、HDFS或Tachyon)、存储节点(本地或远程节点)等诸多实现细节；第二类抽象是**共享变量**(Shared Variables)，通常情况下，一个应用程序在运行的时候会被划分成分布在不同执行器之上的多个任务，从而提高运算的速度，每个任务都会有一份独立的程序变量拷贝，彼此之间互不干扰，然而在某些情况下我们需要任务之间相互共享变量。Apache Spark提供了两类共享变量，分别是**广播变量**(Broadcast Variable)和**累加器**(Accumulators)。

6.2.4　RDD操作

RDD提供了两类数据操作接口，分别是变换操作和动作操作，变换操作用于由一个已有的RDD，从而得到一个新的RDD，而动作操作用于向驱动程序返回值(而非RDD)或者将值写入到文件当中。

例如，Map操作在RDD中是一个变换操作，Map变换会让RDD中的每一个数据都单独通过一个指定函数，并得到一个新的RDD；Reduce操作在RDD中是一个动作操作，Reduce动作会使用同一个指定函数让RDD中的所有数据做一次聚合，把运算的结果返回。

　　RDD内部可以封装任意类型的数据，但某些操作只能应用在封装键值对类型数据的RDD之上，例如变换操作reduceByKey、groupByKey等。

　　表6-1展示了RDD所提供的所有变换操作及其含义。

表6-1　RDD提供的变换操作

变换操作	含义
Map(func)	新RDD中的数据由原RDD中的每个数据通过函数func得到
Filter(func)	新RDD中的数据由原RDD中每个能使函数func返回true值的数据组成
FlatMap(func)	类似于Map变换，但func的返回值是一个Seq对象，Seq中的元素个数可以是0或者多个
MapPartitions(func)	类似于Map变换，但func的输入不是一个数据项，而是一个分区，若RDD内数据类型为T，则func必须是Iterator<T> => Iterator<U>类型
MapPartitionsWithIndex(func)	类似于MapPartitions变换，但func的数据还多了一个分区索引，即func类型是(Int，Iterator<T> => Iterator<U>)
Sample(withReplacement，fraction，seed)	对fraction中的数据进行采样，可以选择是否要进行替换，需要提供一个随机数种子
Union(otherDataset)	新RDD中数据是原RDD与RDD otherDataset中数据的并集
Intersection(otherDataset)	新RDD中数据是原RDD与RDD otherDataset中数据的交集
Distinct([numTasks])	新RDD中数据是原RDD中数据去重的结果
GroupByKey([numTasks])	原RDD中数据类型为(K，V)对，新RDD中数据类型为(K，Iterator(V))对，即将相同K的所有V放到一个迭代器中
ReduceByKey(func，[numTasks])	原RDD和新RDD数据的类型都为(K，V)对，让原RDD相同K的所有V依次经过函数func，得到的最终值作为K的V
AggregateByKey(zeroValue)(seqOp，combOp，[numTasks])	原RDD数据的类型为(K，V)，新RDD数据的类型为(K，U)，类似于groupbyKey函数，但聚合函数由用户指定，键值对的值的类型可以与原RDD不同
SortByKey([ascending]，[numTasks])	原RDD和新RDD数据的类型为(K，V)键值对，新RDD的数据根据ascending的指定顺序或者逆序排序
Join(otherDataset，[numTasks])	原RDD数据的类型为(K，V)，otherDataset数据的类型为(K，W)，对于相同的K，返回所有的(K，(V，W))

(续表)

变换操作	含义
Cogroup(otherDataset，[numTasks])	原RDD数据的类型为(K，V)，otherDataset数据的类型为(K，W)，对于相同的K，返回所有的(K，Iterator<V>，Iterator<W>)
Catesian(otherDataset)	原RDD数据的类型为T，otherDataset数据的类型为U，返回所有的(T，U)
Pipe(command，[envValue])	令原RDD中的每个数据以管道的方式依次通过命令command，返回得到的标准输出
Coalesce(numPartitions)	减少原RDD中分区的数目至指定值numPartitions
Repartition(numPartitions)	修改原RDD中分区的数目至指定值numPartitions

表6-2展示了RDD所提供的所有动作操作及其含义。

表6-2　RDD提供的动作操作

动作操作	含义
Reduce(func)	令原RDD中的每个值依次经过函数func，func的类型为(T，T) => T，返回最终结果
Collect()	将原RDD中的数据打包成数组并返回
Count()	返回原RDD中数据的个数
First()	返回原RDD中的第一个数据项
Take(n)	返回原RDD中前n个数据项，返回结果为数组
TakeSample(withReplacement，num，[seed])	对原RDD中的数据进行采样，返回num个数据项
SaveAsTextFile(path)	将原RDD中的数据写入到文本文件当中
SaveAsSequenceFile(path)(Java and Scala)	将原RDD中的数据写入到序列文件当中
SavaAsObjectFile(path)(Java and Scala)	将原RDD中的数据序列化并写入到文件当中，可以通过SparkContext.objectFile()方法加载
CountByKey()	原RDD数据的类型为(K，V)，返回hashMap(K，Int)，用于统计K出现的次数
Foreach(func)	对于原RDD中的每个数据执行函数func，返回数组

6.2.5　惰性计算及持久化

一个RDD执行变换操作之后，数据的计算是**延迟**的，新生成的RDD会记录变换的相关信息，包括父RDD的编号、用户指定函数等，但并不会立即执行计算操作，真正的计算操作过程要等到**遇到一个动作操作**才会执行，变换过程中产生的中间数据在计算完毕后会被丢弃，即数据是非持久化的。即使对同一个RDD执行相同的变换操作，数据同样会被重新计算，所以针对一个RDD有2次以上的动作(Action)的时候，最好先在此之前加上cache语句；如果是以多线程的方式调用动作(Action)，最好在cache之后加上count，避免多线程后续执行的不确定性。

Apache Spark采取惰性计算机制有其道理所在。惰性计算不同于普通的运行方式。普通的运行方式会遇到一个转换立即执行一个。这种方式无法实现Pipeline，也无法对整个任务的完整信息做到阶段切分。同时惰性计算还有一个好处就是，如果一个程序错误地写了很多的RDD转换，但是最终没有动作(Action)的话，是不会被执行到的，也就是整个程序中只有有用的代码会被提交到集群真正执行。

如图6-6所示，惰性计算结合Pipeline的好处：

➤ 节省了中间RDD的存储空间，因为是直接从RDD(X)算到RDD(Z)，不需要存储RDD(Y)；

➤ 由于Pipeline会带来计算的效率，以及减少了任务的个数，如果没有pipeline的话，则需要产生pXs个任务，而有了Pipeline的话，则只需要p个任务。

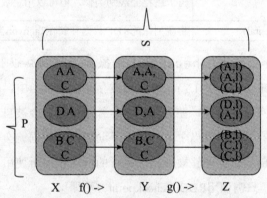

图6-6　惰性计算和Pipeline，P-分区，S-步骤

6.2.6　RDD持久化

Apache Spark允许我们在变换过程中**手动**将某些会被频繁使用的RDD执行持久化操作，持久化后的数据可以被存储在内存、磁盘或者Tachyon当中，并选择数据是否需要被序列化，从而节省空间资源，这个本质就是内存计算的实际所指。

通过调用RDD提供的cache或persist函数即可实现数据的持久化，persist函数需要指定存储级别StorageLevel，cache等价于采用默认存储级别的persist函数，Apache

Spark提供的存储级别及其含义如表6-3所示。

表6-3　Apache Spark提供的存储级别

存储级别	含义
MOMOEY_ONLY	将RDD以未序列化Java对象的方式存储在JVM当中，如果RDD超出了JVM内存的限制，那么持久化过程不会发生，每次计算过程依旧需要重新计算RDD的数据，MOMORY_ONLY是默认的存储级别
MOMOEY_AND_DISK	将RDD以未序列化Java对象的方式存储在JVM当中，如果RDD超出了JVM内存的限制，那么超出的部分会被存储在磁盘当中
MOMORY_ONLY_SER	与MOMORY_ONLY类似，只不过数据被序列化后才被存储到内存当中，相比MOMORY_ONLY，其内存利用率更高，但读取数据时候需要消耗更多的CPU资源
MOMORY_AND_DISK_SER	与MOMORY_ONLY_SER类似，只不过超出内存限制的数据会被存储到磁盘当中
DISK_ONLY	只将RDD数据存储到磁盘当中
MOMORY_ONLY_2，MOMORY_AND_DISK_2, etc.	与上述存储级别类似，但可以指定数据被复制的份数
OFF_HEAD(experimental)	将序列化的RDD数据存储在Tachyon当中

RDD还有一个**检查点(Checkpoint)**的操作，机制类似于持久化机制中的persist(StorageLevel.DISK_ONLY)，数据会被存储在磁盘当中，两者最大的区别在于：持久化机制所存储的数据，在驱动程序运行结束之后会被自动清除；检查点机制则会将数据永久存储在磁盘当中，如果不手动删除，数据就会一直存在。换句话说，检查点机制存储的数据能够被下一次运行的应用程序所使用。检查点的使用与持久化的使用类似，只需调用RDD的checkpoint方法即可。

6.3　Spark核心组件介绍

Spark首先为大数据应用提供了一个统一的平台。从数据处理层面看，模型可以分为批处理、交互式、流处理、非实时迭代等多种方式；而从大数据平台而言，已有成熟的Hadoop、Cassandra、Mesos以及其他云的供应商。Spark整合了主要的数据处理框架，并能够很好地与目前主流的大数据平台集成。图6-7展现了Spark的这一平台。

从图6-7可以看到，Spark总共包含Spark组件本身、Spark SQL、Spark Streaming、GraphX、MLlib等5个重要组件，涵盖了从批处理、SQL处理、流式处理、图计算以及机器学习等众多领域；本身是计算框架，自然离不开存储框架，Spark支持主流的HDFS、Amazon S3等分布式存储，也支持基于内存的分布式存储Tachyon，同时也支持其他的如Cassandra、HBase、Parquet等众多格式和流式接入；Spark支持的部署也是多种多样的，既可以单机部署，也可以使用自带的集群方式(Standalone)进行部署，也可以和大数据生态圈中的其他组件共同使用Yarn来运行，还支持Mesos部署。

图6-7　Spark的统一数据平台

Spark SQL能够更加有效地在Spark中加载和查询结构型数据，同时还支持对JSON数据、parquet文件和Apache Hive表格的操作，并提供了更加友好的Spark API。在Machine Learning方面，已经包含了超过15种算法，包括决策树、SVD、PCA、L-BFGS等。图6-8展现了Spark当前的技术模型。

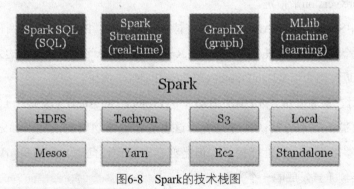

图6-8　Spark的技术栈图

从图6-8可以看到，Spark建立在集群managers和数据源上，在Spark上可以分别运行Spark SQL关系型数据库操作、机器学习、图像处理和流处理四大应用模型。各模型的具体内容在下节分别展开。

6.3.1　Spark SQL

Spark的接口主要是用于处理结构化或者半结构化的数据，实际应用的业务场景中会存在很多的结构化数据的处理，而处理这些数据的时候，Spark SQL会带来很大的易用性和性能的提升。

Spark SQL的特点

(1) Spark SQL可以读取多种的结构化的数据源，如：Json、Hive表、Parquet、ORC以及通过JDBC连接其他的关系数据库。

(2) 访问方式即可以通过应用程序中通过SQLContext、HiveContext来连接各种数据源或者已存的Hive表，也可以将RDD转换成Dataframe来进行DataFrame接口的访问，也可以通过DSL的方式访问；同样也可以启动一个Spark的JDBC服务器，提供JDBC的访问方式。

(3) 可以提供表的Cache机制，这样针对一个表的多次处理的时候，可以非常高效，节省了读取部分的时间，也是内存计算的亮点。

(4) Streaming中也可以将其中的RDD转换成DataFrame，进行SQL处理，这里体现了一站式方案的优点。

(5) Hive的Metastore支持多版本，从0.12.0到最新的1.2.1版本，通过设置spark.sql.hive.metastore.version来指定。

(6) 其中Spark SQL的API使用方式支持Scala、Java、Python和R这四种不同的方式，且在这个情况下，即使使用Python、R与Scala、Java此类JVM原生的方式，性能也会比较接近，因为都是DataFrame内部的catalyst统一优化。

(7) 同时在最新版本 1.5.x中的钨丝计划(Project Tungsten)大幅提升了Spark SQL的性能，从最新版本的默认打开来看，这也意味着该功能的成熟，如之前版本的Codegen能够带来很大的性能提升，但是亦存在稳定性问题。而且Spark SQL也是Spark社区后续重点发展的一个方向。

Spark SQL在1.3.0版本中正式毕业，意味着可以用于生产环境，而之前的Shark不再更新，最终版本为0.92，可见未来主要发展的是Spark SQL。

6.3.2　Spark Streaming

　　Spark Streaming项目开始于2012年，在Spark 0.7版本的时候有Alpha版本的发布，在2014年的Spark 0.9版本中正式毕业，意味着可以用于生产环境。许多大数据应用都需要实时地处理大量的流数据，Spark Streaming在流式处理的优势在于：

> ➤ 可以简单地进行水平扩展；
> ➤ 可以获得很好的低延时；
> ➤ 从失败中高效地恢复；
> ➤ 集成批处理和交互式流处理；
> ➤ 可以支持Scala、Java、Python等不同的编程语言；
> ➤ 流处理、批处理一套编程模型，以区分其他的流处理、批处理不同的编程模型，带来实际开发的不同代码的成本，以及维护不同组件、学习的成本。

　　Spark Streaming区分于Storm的针对每条记录的处理，其定义了DStream(Discretized Stream)的编程模型。DStream代表了一个时间段的流数据，内部实现为一定时间的RDD集合，内部的流程为实时地接收流数据，然后按照时间段将其分割成小的数据集合，这样内部可以复用Spark的引擎将其转换成批处理进行计算。DStream支持的数据源类型广泛，有Kafka、Flume、HDFS、S3、Kinesis、Twitter、Mqtt、ZeroMQ等。

6.3.3　MLlib

　　MLlib是构建在Spark上的分布式机器学习库，MLlib开始于2012年，作为MLbase项目的一部分，于2013年9月开始开源，MLlib始终作为Spark项目的一部分，首次在Spark的0.8版本发布。得益于Spark的内存计算特性，使得其性能基本可以达到基于磁盘实现的Apache Mahout的9倍以上，原则上，迭代次数越多，其两者的性能差异越大。同时MLLib使得机器学习的实践简单且可扩展。MLLib包含常见的学习算法，如分类、回归、聚类、协同过滤、降维等常见算法；MLlib本身可以支持Spark的多种语言，如scala、java、python等。

1. MLib支持的算法及工具

　　Mlib支持的算法及工具具体如下。

> ➤ 分类算法：逻辑回归(logistic regression)，线性支持向量机(linear support vector machines，SVM)，朴素贝叶斯(naive Bayes)，决策树(decision trees)。
>
> ➤ 线性回归：线性回归(linear regression)，回归树(regression trees)。
>
> ➤ 聚类算法：k-means。
>
> ➤ 优化算法：SGD(stochastic gradient descent)，L-BFGS(limited-memory BFGS)。
>
> ➤ 维度规约：奇异值分解(singular value decomposition，SVD)，主成分分析(principal component analysis，PCA)。

2. Pipeline API

Pipeline主要是由spark.ml包进行提供，是构建在DataFrame上的高阶API，主要是帮助用户创建、调整实际的机器，学习流水。

3. Spark的集成

Spark的集成一站式解决方案，由于构建在Spark上，所以底层可以使用RDD的多种转换API，以简单地实现数据清洗和特征提取；同时也提供Spark SQL，使得结构化数据的清洗和预处理极为简单；同时结合Spark Streaming，可以实现实时的一些机器学习的应用。

4. 详细的文档、活跃的社区

官方网站提供了详细的用户文档，给出了相应API的介绍，以及示例的提供；社区比较活跃，有活跃的邮件列表可以参看和提问，有相应的会议进行技术交流。

6.4 Spark与Hadoop之间的关系

6.4.1 Spark与其他计算框架的对比

从图6-1中可以看到，Spark仅仅涉及计算框架这一层，与Mapreduce、Tez相当；Spark可以使用Hadoop中的HDFS，也可以提交任务到YARN中，相当于可以替换

Hadoop中的MapReduce。

如图6-9所示，Tez、Flink、Spark均衍生自Dryad论文，均支持DAG。Spark
与Flink较为类似，提供较为高阶的抽象，用户不需要关心DAG的划分；Tez将
Mapreduce中的各个原语进一步切分，以支持DAG。

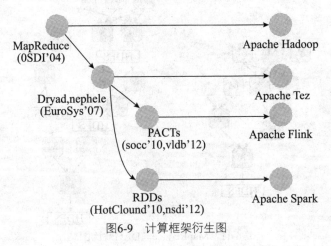

图6-9 计算框架衍生图

6.4.2 Apache Spark相对于MR的优势

Spark相对于MR首先有速度上的优势。Databricks的测试图如图6-10所示，以同
样的100T数据进行Terasort，Spark在使用MR的1/10节点的情况下，仅使用了MR1/3
的时间完成。且作为Spark本身的1Pb的数据对比来看，本身接近线性的时间完成。
这个测试完成本身表明Apache Spark已经稳定。

	Hadoop World Record	Spark 100 TB *	Spark 1 PB
Data Size	102.5 TB	100 TB	1000 TB
Elapsed Time	72 mins	23 mins	234 mins
# Nodes	2100	206	190
# Cores	50400	6592	6080
# Reducers	10，000	29，000	250，000
Rate	1.42 TB/min	4.27 TB/min	4.27 TB/min
Rate/node	0.67 GB/min	20.7 GB/min	22.5 GB/min
Sort Benchmark Daytona Rules	Yes	Yes	No
Environment	dedicated data center	EC2(i2.8xlarge)	EC2(i2.8xlarge)

图6-10 Databriks Terasort测试数据

如图6-11所示，Spark本身支持DAG，所以类似于Hive这样一个查询需要拆解成多个作业配合的场景来说，一是更加简单，二是中间的数据不需要落到hdfs，以上两点大幅提升了开发和运行效率。

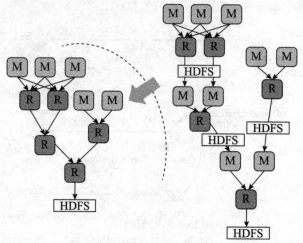

图6-11　MapReduce与DAG对比图

Spark除了上述两个优点之外，还有一个非常重要的优点就是一站式解决方案，如图6-12所示。

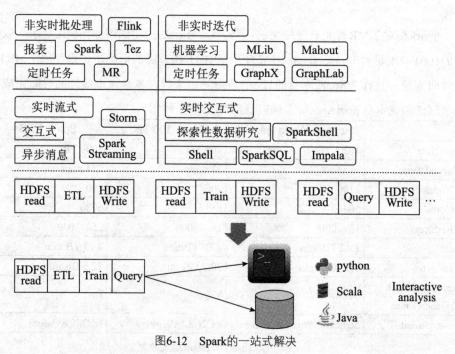

图6-12　Spark的一站式解决

拿机器学习的例子来说，在原来的情况下，可能先是在一个作业中做ETL，然后另外一个作业做训练，最后由另外的一个程序做查询；但是在使用Spark的情况下，只需要Spark一个组件，可以通过Python、Scala、Java进行应用开发，一次性解决问题，同时可以在Spark-Shell中进行交互式查询。同时一站式解决给人很多的创造空间，如可以使用Spark Streaming从Kafka中接收数据，数据接收到之后先使用RDD的转换函数进行预处理，然后再使用SQL进行SQL的处理，最后使用机器学习进行处理，最终写到HDFS持久化。

6.4.3　SPARK后续的展望

从Spark自身的特点来看，Spark一直致力于两个方面：速度、易用性。

Spark本身基于Mapreduce设计，shuffle是其必不可少的过程，也是性能的瓶颈所在，Spark社区也一直致力于这方面的改进，从原先的hash方式变成sort方式，很大地提升了shuffle过程的稳定性和速度；shuffle的传输方式从原先的NIO方式改变成Netty的ZeroCopy方式，也进一步地提升了Shuffle的传输效率；同时Project Tungsten(钨丝计划)也在最新的版本中加入了tungsten-sort的shuffle方式，通过直接操作二进制数据，进一步地提升了shuffle的性能。同时Spark SQL中加入了对于小表Join的Broadcast优化，减少了不必要Stage的产生，大大地提升了效率。后续Project Tungsten(钨丝计划)的优化效果会体现在后续的1.5、1.6版本中，后续的版本同样会对各个组件进行性能的提升。

易用性，从最原始的RDD的抽象，区分于Mapreduce对于行为进行抽象，Spark通过对于原始数据进行抽象约束，使其可以有丰富的转换、动作，相对于Mapreduce，其极大地简化了分布式的程序开发。同时在Spark擅长的迭代式运算方面，自身提供了MLLib、GraphX，也可以很容易地进行图计算、机器学习相关的应用开发，同时为了适应这个领域，Spark同时支持Python接口。同时在流式处理领域，提供Spark Streaming组件，基本批处理的代码可以通过之前创建DStream的方式简单地移植。同时设计了Dataframe的接口，在此之上提供了R语言的接口，为数据分析及金融领域相关人员提供了接入集群分析的可能。这样将会大大地降低大数据使用的门槛，可以预见鉴于Spark本身丰富的接口、能力，后续肯定会在多个领域得到大规模的应用。

6.5 要点回顾

Spark是基于内存计算的开源分布式计算框架，Spark使用高速内存代替磁盘来存储数据处理过程中产生的中间数据，因此Spark在迭代式应用上运行性能提升十分显著。Spark有如下特点：

> ➢ Spark将中间处理数据全部放到了内存中，Spark RDD允许它透明地在内存中存储数据，只在需要时才持久化到磁盘，这种做法大大地减少了数据处理过程中磁盘的读写，大幅降低了所需时间；

> ➢ Spark支持多语言，对开发者来说易于使用；

> ➢ Spark支持SQL查询、流式查询及复杂查询；

> ➢ Spark既可以独立地运行，也可以运行在当下的YARN资源管理框架上，还可以读取已有的任何Hadoop数据，能够与已存的Hadoop数据整合；

> ➢ Spark有十分活跃的开发者和无限壮大的社区。

Spark总共包含Spark组件本身、Spark SQL、Spark Streaming、GraphX、MLlib等5个重要组件，Spark在批处理、SQL处理、流式处理、图行计算以及机器学习等众多领域都有应用。

第 7 章

大数据分析

小楼一夜听春雨，深巷明朝卖杏花。小明带着一帮兄弟埋头苦干，蓦然回首，发现大数据已经遍地开花，在各行各业各种规模的企事业单位都得到了广泛的应用，小明一时感叹大数据时代真的到来了。

从早期各企业试水大数据时的谨慎和迟疑，到大数据存储逐渐得到广泛的认可，企业普遍将海量的原始业务数据存储到大数据平台，并渐渐地将传统的ETL、BI等数据分析处理类业务迁移到大数据平台，进而从全量数据的快速分析中得到对企业内部运营和外部竞争态势的实时、深度洞察，并最终服务于各种决策的制定与业务的增长。

大数据分析技术的普及给各行各业带来了巨大的变化，注入新的活力的同时，也孕育着新的深刻变革。小明站在大数据时代浪潮之巅，也深刻地感受到一股新的、更具力量的大数据分析技术的浪潮正在积蓄力量等待着爆发。

小明最近经常听到客户的首席信息官(CIO)、首席技术官(CTO)们有这样的疑问：**大数据分析技术除了能够应用于企业内传统的BI类分析应用，是否可以为企业带来更广泛的价值**？

每当面对这种疑问，小明都会紧跟着问一句：您知道21世纪最性感的职业是什么吗？21世纪最性感的职业是数据科学家，甚至Gartner都在2015年创造了一个新词——"Citizen Data Scientist"来表达对大数据时代这个极具性感职业的憧憬。

数据科学家是这么一群人，他们懂数学、懂算法、懂技术，还了解业务，是造物主创造出来解决企业业务与数据分析问题的完美人类。他们既能够在对业务理解的基础上设计相应的数学模型进行问题抽象，又能够使用大数据技术抽取企业大数据中相关的数据样本进行清洗、转换，他们还能够使用大数据平台实现相应的模型算法对清洗、转换后的海量数据样本进行模型训练，并最终从海量数据中挖掘出隐藏其中的深刻洞察。

而大数据架构师将是他们的亲密伙伴，共同搭建起企业先进分析应用的平台，实现高级的分析业务。

7.1　数据时代

7.1.1　数据可获得性

大数据时代首先是海量的、多种多样的数据电子化的时代。

在互联网上，企业通过网站宣传自己的产品吸引潜在客户，科研机构发表的大量研究成果可供他人参考和使用，新闻机构每天都在发布最新的新闻、稿件供人浏览。

社交网络用户在不断地管理着自己的朋友圈和订阅，通过微博、博客抒发着对工作生活的感受，通过微信分享着日常的生活和对各种话题的观点。

在无所不在的物联网世界中，庞大的传感器网络中的每个节点无时无刻不在默默地记录着世界各个角落发生了和发生着的事情。

在各式各样的垂直领域内，通过各类应用记录着人们生活中的点点滴滴。如电商应用记录着用户的购买记录，视频应用保存着人们的兴趣偏好，打车和导航应用记录了人们的出行轨迹。

在个人终端和可穿戴设备蓬勃发展的当代社会，人们所处的外部环境及其所言、所行、所见无不被个人设备所感知，甚至包括人体自身的健康数据也在被持续地记录和分析。

而在企业和政府等机构内部广泛部署的统一通讯与协作系统、ERP、CRM等信息系统将组织运营的方方面面完整地持久化到大数据中心。

人类生活与办公环境电子化、信息化的深入发展，已经、正在并将继续成为大数据时代的巨大推手，将人类信息持续的汇聚成数据之湖(data lake)，甚至数据的海洋。

7.1.2　数据多样性

大数据时代数据来源的丰富，记录与存储方式的不同，导致了大数据内在的数据多样性。

互联网世界充斥着海量的文本信息，成为人类历史上构建的最大型、最广泛的巨型知识库；而通信网络和蓬勃发展的社交网络忠实地记录着人们交流沟通的点滴，反映着人们的社会关系；在安全监控领域内，在日常娱乐生活中，在高清卫星数字成像系统里，在各型医疗扫描与观测设备上，每时每刻都在产生着海量的、反映地理环境、社会安全、城市交通、公众娱乐、个人健康等各方面信息的图像与视频数据；在智能楼宇里、在道路边、在厂房中、在机器设备内、在各式交通工具上，各种传感器持续不断地测量出一个个的数字，记录着海量的环境与设备信息。在城市交通基础设施中、在各类交通工具上，甚至在移动通信网络里，每天都在记录着大众的生活轨迹。

文本、图像、视频、数字、轨迹、关系等各种各样的数据在不断地被产生和记录，全方位反映着人们过去、当前生活的同时，也蕴含着对未来人类社会的无尽期许和丰富想象。

7.1.3 数据质量

数据获取、传输、存储技术的发展，海量人类社会、生活数据的全方位记录激发了人们对数据的无限遐想。社会学家希望借助大量人类活动数据研究社会的变迁，科研人员希望使用海量的实验观察结果分析背后的科学机制，企业希望从用户的网络浏览与点击行为中发现新的商机，政府希望从网络舆情中获得公民的观点倾向以便科学施政，城市规划者希望从海量的地理、经济、人口与交通数据中获得城市规划的新灵感。

数据无疑是大数据时代最具战略性的核心资产，拥有高质量的数据是开展先进的数据分析挖掘数据价值的前提与必要条件，数据质量管理也是大数据分析应用取得成功的核心要素。

数据质量管理(Data Quality Management)，是指对数据从计划、获取、存储、共享、维护、应用、消亡生命周期的每个阶段里可能引发的各类数据质量问题，进行识别、度量、监控、预警等一系列管理活动，并通过改善和提高组织的管理水平使得数据质量获得进一步提高。

数据质量管理不仅指数据清洗与转换，需要从数据的采集、处理、传输、存储和使用的全生命周期，保证数据的完整性、规范性、一致性、准确性、唯一性和关联性，保证数据中的信息量，提高数据的可用性以及最终分析结果的可信性。

因此，数据质量管理不仅是ETL工具能够解决的，还需要人员培训、质量监控验证和确认等管理机制和管理工具的配合。

7.2　先进分析

传统的企业内数据分析主要在关系型数据库(或数据仓库)基础上进行，其核心模式是：在对数据进行切片、分组、过滤等基础上进行各种相对简单的统计运算，从而提炼和浓缩数据中的信息。

而大数据平台能够提供的近乎无限的计算能力，无疑**对以复杂模型、高密度计算为代表的先进分析提供了更广阔的空间**。

7.2.1　传统分析

传统的分析受制于计算机的运算能力，更注重于数据规模的扩大，因而尽量采用相对轻量级的分析方法。这一点从代表传统分析技术的BI的发展、概念和特点可以比较清晰地看出。

传统分析设计的目标不是最大限度地提高系统的计算能力，以便能够使用复杂的模型进行数据分析，其主要是以数据仓库为代表，做数据整合，在关系型数据库不能面对的数据规模上，使用OLAP等技术手段做多维的简单统计分析计算。

先进分析与此相反，先进分析更加重视对原始问题的建模，通过复杂的模型构建出对原始问题抽象，进而使用大量的业务数据样本对模型进行训练与学习，以便获得对业务内在特征的深入理解。先进分析的一个前提要求即高计算量，虽然先进分析能够获得相对传统分析更深刻的业务洞察，但在大数据分析平台出现前，在大规模数据上进行高密度计算始终存在核心障碍。

大数据技术的出现带来海量存储能力的同时，通过分布式计算技术，通过大规模集群并行运算的方式，也带来了近乎无限的计算能力，第一次真切地、高效费比地为将以数据建模和计算密集型为基本特征的先进分析引入到企业，为其打开了方便之门。在此背景下，先进数据分析向各行各业广泛渗透如汤沃雪，已是不可逆转的必然趋势。

从最初孕育大数据技术的自然语言处理领域，到预测分析、深度学习等新领域，先进分析正在大数据技术的保驾护航下开疆扩土。

7.2.2　自然语言处理

互联网是孕育大数据技术的沃土，互联网是一个由自然语言(文字)形式的文档相互链接构成的一个庞大网络。以海量文本文档的存储、检索、排序为代表的搜索最早催生了大数据技术的萌芽。

以文字、句法为基本特征的自然语言，是人类社会的各民族先民，在亿万年历史长河中不约而同选择的一种信息与知识表达、存储与沟通方式。时至今日，自然语言的文本、语音数据仍然是人类社会知识的最重要载体。

我们在网络论坛中通过自然语言表达我们的观点，我们在社交网络上通过自然语言传递我们情感，我们面对面或通过电话、邮件、即时通信工具与他人交流沟通，我们通过文档记录下日常工作、生活的方方面面。通过自然语言的形式，我们表达了对某个事件的看法，表达了对某个产品的意见，表达我们的政治倾向，表达了我们的希望的同时也在陈述事实和传递知识。

因此自然语言形式的数据中蕴含着异常巨大的价值，也就不难理解其为何能够成为孵育大数据技术的温床。恰恰是自然语言形式的数据中蕴含着巨大的价值，因此对自然语言的处理，或者说自然语言的处理技术，在大数据分析领域具有广泛的需求，如网络上的舆情分析，产品口碑分析，企业内的知识组织与管理。

7.2.3　预测分析

预测分析是一种使用统计、机器学习、数据挖掘等手段对结构化和非结构化数据进行分析，以预测未来结果的技术。

传统的企业数据分析方法重点强调从数据中分析产生结果的原因，是一种事后的方式。而预测分析则提供企业一种前摄(proactive)的能力，能够从历史数据中分析出潜在的模式，进而能够做出事前的预测。无疑，预测分析能够给企业带来传统数据分析无法带来的价值，使得企业在决策制定、产品开发、营销策划实施之前评估相应的结果，进而能够帮助企业做出正确的选择。

预测分析涉及的范围非常广泛，其数据类型既有非结构化的数据(用户在网络上的留言和评论)，又有数值型的用户收入、年龄等属性数据，还可以包括各种类型的标签等分类数据，甚至是用户过去一段时间的位置、轨迹数据。预测分析使用的算法也比较综合，大量的涉及概率的、图的、迭代训练的算法，具有很高的计算密度。

7.2.4　深度学习

先进分析领域最近因取得巨大的工程效益而引起关注的一个前沿领域即深度学习(Deep Learning)。深度学习采用已经沉寂多年的神经网络模型结构，最早在图像识别任务上取得了显著进步，并逐渐地应用到工程实践中取得了良好的效果，因受到谷歌、脸书等大型互联网巨头的追捧得到了长足的发展。

自基于多层神经网络的深度学习兴起，特征学习的观念已经为学术和工程界所接受，深度学习算法已经成为图像处理领域的主流算法，并且显著地提高了分析精度，甚至在某些领域逐渐达到甚至超越了人工分析的精度。随着深度学习算法在实际应用中不断认可，深度学习也逐渐向在语音处理、文本分析领域扩展，并且在模拟人类智能的记忆性等方面取得突破，提出了RNN、LSTM等能够较好处理序列数据的新型网络结构。因而逐渐在语音处理、文本分析领域，再现曾经在图像处理领域出现的对基于统计方法的逆袭。

深度学习使用的神经网络模型动辄几十层，每层神经元个数成千上万，待训练的网络参数数量都在千万级以上。为完成对这类模型的充分训练，对训练样本的数量要求更是早期的三层BP网络训练所不能比拟的。也只有在数据量异常充分的今天，才有可能实现对这类模型的充分训练。另一方面，这类模型的训练算法主要是基于梯度下降的迭代式训练算法，在模型的复杂度高，而待训练的网络参数数以千万计的情况下，训练这类模型所需要的计算量也是空前的。

当前主流的做法是使用GPU集群进行分布式训练的方式，以较低的费用和时间成本完成模型的训练。

7.3　架构与平台

为应对各种传统分析和先进分析需求和不同的应用场景，大数据社区付出了巨大的努力，涌现出很多优秀的架构和平台，涵盖批处理、迭代处理、流处理、交互式分析等多种模式场景。

7.3.1　批处理

批处理是一种常见的数据处理模式，批处理的模型比较简单，输入一批待处理的文件，启动处理过程，等待处理结束后输出一个分析结果文件。批处理模式的输入和输出都是文件的形式，数据分析启动后用户即无法干预算法过程。批处理往往用于分析大的文件或者大批量的文件，且分析过程耗时较长。

开源大数据平台的鼻祖Hadoop最初实现的分析模型MapReduce采用的就是批处理模式，每个MapReduce任务即一个批处理过程，其输入输出都是HDFS文件。

批处理应用在企业应用系统中也比较常见，如数据清洗、转换。Hadoop MapReduce计算框架在大数据应用的早期的一个最重要的最佳实践就是作为ETL框架使用。如果清洗的原始数据是系统日志的话，则可以使用Flume、Chukwa等开源日志系统。

MapReduce通过Java API接口进行编程，对开发人员的编程技能要求较高，限制了普通数据分析人员的使用。Hadoop社区为了推动该计算框架在数据分析领域的普及，在MapReduce基础上进行了进一步的接口封装，来降低对大数据技术应用的技能要求。Apache Hive通过类SQL的接口提供类似传统关系型数据库上的查询、统计能力；Apache Pig通过脚本的方式，允许分析人员开发一个完整、灵活的分析流程。

R是一款强大的开源统计分析工具和语言，都是统计学家专属的工具，实现了丰富的数据统计分析算法。RHadoop是一款Hadoop和R语言相结合的产物，是运行R语言的Hadoop分布式计算平台的简称，允许让用户使用R语言进行编程的同时，又能利用大数据平台的强大存储与计算能力。

7.3.2　迭代处理

迭代处理模式可以看做批处理模式的扩展，迭代处理是一个组合型的处理模式，它由一批首尾相连的处理过程串行构成，后一个处理过程使用前一个处理过程的输出作为输入。作为一种特例，迭代处理中的每个处理过程可以相同，这样就构成了一个闭环的处理过程。同时，每个处理过程除了可以使用前一个处理过程的输出作为输入外，也可以使用原始输入或之前某个中间过程的输出作为输入。迭代处理模式的核心是数据在不同处理过程间的重复使用与共享。

先进分析中有很多机器学习模型的训练算法都满足迭代模式。以常用的分类算法BP神经网络和AdaBoost为例，神经网络的训练需要使用同一份训练数据进行多批次的模型训练。集成学习方法如AdaBoost也需要多轮训练，以获得多个模型，且需要根据前一个模型的训练结果来调整训练数据集中各个样本的权值，来作为后一个模型的训练输入数据。其他如决策树、逻辑回归等分类模型的训练也都满足迭代处理的模式。常用聚类算法如Kmeans也需要在同一份数据集上迭代，不断调整聚类的划分，并最终得到稳定的聚类结果。很多基于图的模型也采用了迭代处理的模型，如谷歌大名鼎鼎的PageRank，就是一种基于图的、迭代式的节点重要性计算方法，类似的还有许多在社交网络分析中使用的图算法，如社区发现算法等。

当前在大数据领域风头正劲的Spark即是一种迭代计算框架。与Hadoop中每个MapReduce任务都需要从硬盘读入数据进行分析，并在分析完成后将分析结果写入硬盘不同，Spark可以将计算的中间结果保存在内存中以便后续使用，极大地降低IO开销，因此能够带来显著的性能提升。在Hadoop项目的早期还有一些在MapReduce计算框架下实现机器学习算法的努力(著名的有Mahout)，当前这部分工作则主要围绕着Spark框架展开，即其Berkeley Data Analytics Stack(BDAS)的两个核心组件：MLlib和MLBase。此外BDAS也提供图建模和运算的组件：GraphX。值得一提的是，为了吸引广大的数据分析人员的使用，Spark提供了数据分析社区流行的Python语言的API接口。

值得一提的是，在使用大数据平台实现分布式机器学习算法时，经常使用基于梯度下降的训练算法。在这种场景下，模型参数往往需要在各个节点上使用不同的数据子集评估其梯度方向，进而基于梯度进行参数的更新。这时往往需要一个参数服务器(Parameter Server)来中心化地存储模型参数，并且为各个计算节点提供参数同步、查询和更新的接口。

Spark在推荐系统等互联网应用中有比较广泛的应用，其机器学习组件广泛地用于回归、分类、排序、协同过滤等问题。GraphX在社交关系分析、社区发现、用户影响力、能量传播、标签传播等方向都有成功的应用。

7.3.3 流处理

批处理和迭代式计算模式都强调对数据的批量处理，有明确的分析开始和结束时间。而实际应用中还存在另外一种处理模式，在这种模式下，数据源源不断地流过处理系统，系统能够不停地连续计算，这种计算模式即流处理。流处理强调连续计算，一般还具有高实时性、大吞吐量、无状态的特点。

Apache Storm和Spark Streaming就是为了满足流处理的需求而设计开发的流处理框架。Apache Storm针对每次传入的一个事件进行处理，适合实时性要求都非常高的场景，时延可以做到毫秒级。Spark Streaming流式计算则将数据流分解成一系列短小的批处理作业，来模拟持续计算的效果，因此其时延比Apache Storm要高，一般在秒级。但Spark Streaming构建在Spark上，能够充分地利用Spark丰富的分析功能，分析灵活性上要优于Apache Storm的Topology模型。

流处理平台并非孤独的，在处理过程中经常需要访问外部的数据，而流处理应用又一般比较强调实时性要求，在这种情况下，流处理平台经常和内存数据库一起配合搭建分析应用。常用的内存数据库有Memcached和Redis。

流处理模式中数据以流的方式进入系统，在实际的应用系统中一般使用支持大吞吐量的分布式消息系统作为数据接入手段。Storm+Kafka的组合就是比较常见的搭配。

需要注意的是，流处理和复杂事件处理(Complex Event Processing，CEP)虽然都有流式数据处理的特点，但CEP系统更加强调事件间的关联分析能力。

流计算很适合需要实时统计、分析和实时决策的应用场景，如在Spark Streaming上运行自然语言处理组件，可以实现对网络舆情的实时监控。基于Storm和内存数据库，可以实现网站在线点击率的实时统计。

7.3.4　交互式分析

交互式分析是一种对分析实时性要求介于批处理/迭代处理与流处理之间的一种模式，与批处理、迭代处理和流处理框架主要面向开发人员提供编程API进行开发不同，交互式分析模式一般面向于业务分析人员，提供的是脚本语言，甚至是类SQL的接口，并且交互式模式要求提供分析结果的可视化。

交互式分析模式是一种允许业务分析人员在一个统一的工具框架内，快速地开发出分析脚本，并且在可容忍的时间内得到分析结果，并通过可视化的展现方式看到结果的一种分析模式。这种模式强调对数据的探索，鼓励分析人员积极提出假设，快速设计分析模型并得到分析结果，然后基于各种可视化手段验证假设的合理性、正确性，并进一步地改进模型。

与批处理和迭代处理对底层的抽象数据模型不做限制不同，交互式分析模式底层的抽象数据模型一般是结构化或半结构化数据，其数据的存储一般使用各种数据库(主要是HBase等)，也可以是格式化比较好的文件。

交互式分析模式的应用范围非常广泛，其中一类比较典型的应用模式是通过类SQL的查询接口提供对数据的查询、统计分析，如Spark SQL、Impala提供的都是SQL接口。类SQL的接口极大地降低了传统数据分析人员进行大数据分析的难度，使得很多传统的数据分析应用可以在大数据分析平台上开展。

先进分析中往往需要借助复杂的数学模型，通过机器学习的算法对数据进行分析，先进分析应用因为其复杂性往往需要将建模和使用模型两个阶段区分开，而在先进分析建模阶段也常采用交互式分析。建模阶段为保证最终输出模型的实用性，主要面临的问题包括特征工程、模型选择。一般来说，特征工程和模型选择在此类项目中能够占用数据分析人员80%的时间与精力，业务的差异和数据的多样性会导致在这两个方面可直接借鉴的经验较少，而更多的是通过尝试、改进、再尝试这么一种试验形式的开发模式。如特征工程需要回答：哪些特征对分析结果没有贡献，哪些特征之间具有强的相关性，如何组合特征能够更直接地反映出其对结果的影响力，哪类模型更适合要解决的问题，如何调整模型的参数，集成学习是否可以进一步提升模型性能，等等。前面提到Spark基于内存计算的迭代处理框架很适合进行机器学习应用的开发，新版本的Spark中为了进一步吸引更多的统计数据分析人员使用Spark平台，提供了数据分析社区所熟知R和Python语言做数据分析的常用抽象数据模型——DataFrame。

7.4　数据分析流程

　　数据分析挖掘应用的开发流程如图7-1所示，因为数据分析挖掘应用整个开发流程是一个探索的过程，所以各个过程之间不是严格分开的。

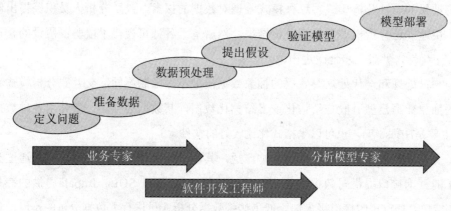

图7-1　数据分析挖掘应用设计的一般流程图

7.4.1　问题与数据

　　数据分析挖掘应用，是数据驱动的应用，不同的用户，因诉求不同，观察同样的数据，理解也不尽相同。在浏览数据时，建议不断问自己：用户是谁，分析对象是谁，要解决什么问题？只有不断地提醒自己，才能保证分析过程始终有一条清晰的主轴，这是在分析传统应用时非常不同的地方。传统的应用，需要解决的问题是很清晰的，已具备的条件也是清楚的，缺少的就是设计和实现。

　　定义问题阶段(见图7-2)，不同的问题，需要不同的解决方案，需要不同的软硬件配置。譬如：通过信令数据分析手机用户的常驻点行为。一个应用是给公安系统开放接口：输入一个手机号，将指定用户最近的常驻点显示出来。另一个应用是给交通部门开放接口，根据用户群体的行为，规划道路设计。这两类应用，从数据分析角度观察来看，都是常驻点分析，但从具体的应用观察，系统架构设计完全就不是一回事了。

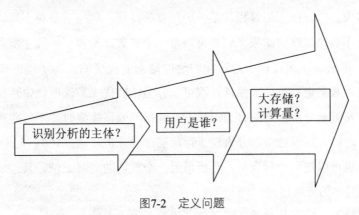

图7-2　定义问题

7.4.2　数据预处理与模型选择和验证

解决相同的问题，可以有多个模型，不同的模型，对数据格式有不同的要求。数据的预处理过程与模型紧密相关。同样是解决聚类问题的算法，有的算法能够直接处理大、中、小这样的数据类型，有的算法需要大中小转换成0、1、2这样的数字才能处理。

选择一个模型时，最终的分析结果可能并不理想，这时不能轻易地否定掉这个模型，如果数据预处理不到位，好的模型也会产生不好的结果。反过来，选错了模型，数据预处理模块再怎么努力，效果也不会有本质的提高。对于系统设计人员，除了知道不同的分析模型对应解决的问题，还需要知道每个分析模型的适用范围和先决条件。

数据预处理过程还有一个误区，原始的数据总是有残缺的和异常值等现象存在。但从另一个角度思考，水至清则无鱼，异常数据不等于无价值数据。异常数据对数据分析结果肯定有影响，但如果把异常数据都穿上漂亮的衣服，那么有可能就会将数据的本来面目同样隐藏起来了。对异常数据的处理态度，还是与具体的应用有关，如果是分析人员的常驻地点，异常值价值就不大，如果是分析信用卡诈骗的应用，异常值就是价值特别高的数据。

数据预处理，从某种意义说就是一门艺术，是整个数据分析挖掘过程中最耗时的一个过程。

选择了一个模型，效果好不好，还需要对模型的效果进行验证。模型需要快速地反馈结果。验证模型的过程，是一个反复的过程，期间需要对不同的参数进行调整。如果不能快速输出结果。假如每调整一个参数，都需要一天才能看到最终的运行结果，在系统设计过程中，这样的速度是不能接受的。为了能够快速地验证模型，需要对数据进行抽样。抽样过程可以分为广度优先和深度优先两种方式，譬如：通过上网记录分析用户的行为习惯，在选择和验证模型时，不可能对全量数据进行分析。这时，可以选取部分人群进行深层次的分析：选择100个人，分析3年的上网记录。也可以选取全量人员，分析最近一个星期的上网记录。具体采取何种方式，还是与具体的应用相关。

验证模型时，除了从技术方面考虑，还要考虑成本的可行性。成本可分为直接成本和替代成本。直接成本，就是按照现在的模型投入到生产环境中，最乐观的情况下，需要多少硬件成本和后期维护成本。影响直接成本的因素很多，在相同的模型下，分析精度是影响直接成本的一个重要因素。除了直接成本，还要考虑替代成本。什么是替代成本？举个例子，有个数据分析应用是：分析电信用户账单，找出高价值用户。开发成本100W，硬件成本200W，后期维护需要两个工程师，每年成本50W。对应这样的系统，达到的分析效果，很可能雇用两个普通职员，采用普通SQL语句和EXCEL表格统计，就能把相同的事情做了。此种场景，替代成本是很低的，系统是没有竞争力的。

7.4.3　部署模型

选定了模型，下面就是部署模型了。部署模型不是简单地将验证过的模型放在生产环境下运行。部署模型，是一个完整的开发流程。验证模型时，为了提高反馈速度，可以不考虑系统的完整性、架构、开发语言、可服务性等因素。简单地说，怎么快就怎么来。不同应用，部署模型的过程不一样。

例一：文本分类器。在验证模型阶段，使用不同的算法对大量的语料进行分析，输出一个模型，然后使用另外一些语料对这个模型进行验证，如果可行，将这个模型部署到生产环境中。此例中，被部署的模型可以使用模型验证阶段相同的技术得到。但是使用这个模型，验证和生产的实现可能完全不一样。在验证阶段，慢慢对文本进行分类问题不大，但在生产环境中，有大量待分类的文本需要处理，效率、并发、接口方式就需要综合考虑了。

例二：通过分析信令信息得到用户的常驻地。在此应用中，验证模型中的直接产出(如代码)在生产环境中很难复用。模型验证时，可能使用Python语言编写的公开代码库，在实现时为了效率，可能采用JAVA在Hadoop架构上实现。

部署模型阶段，简单理解就是常规系统的开发过程。

7.5　要点回顾

本章节我们重点介绍了大数据分析领域涌现出的先进分析需求，以及大数据社区为应对这种需求开发出来的各种平台与架构。

我们沿着需求类型和分析模式两条路线，对大数据分析技术平台与架构进行了介绍，涵盖了Apache Hadoop(MapReduce)、Spark、Apache Storm、Impala等计算框架和一些扩展分析组件，如Apache Hive、Apache Pig、RHadoop、Spark Streaming、Spark SQL、Spark GraphX、Spark MLlib、Spark MLBase等。

针对业界典型的应用场景，我们给出了大数据平台与架构选择的实例。

第 8 章

大数据中间件层

8.1 中间件层简介

在现有的大数据架构体系内，用户搭建Hadoop、spark等基础大数据组件，并根据其接口定义开发应用，把应用部署在其上执行，即用户直接和大数据的基础组件打交道。这样对用户而言大数据系统基本为这些用户私有，用户直接管理、维护大数据集群以及各组件、应用。这种方式要求用户对大数据的各种组件了解比较深入，对集群的部署、构成也需要比较熟悉，并且要及时掌握集群的运行状态。简单地说，目前的方式对用户的技术、人力要求比较高，造成使用成本、使用门槛相对高昂。

另一方面，现有的使用方式使用户间无隔离，这对于比较大的单位来说不符合其业务状态。对于有一定规模的集体，其内部往往存在着业务上的分离，如销售部门主要收集销售、市场方面的数据，并进行存储和分析；而行政、人事等部门则收集人力、考勤、后勤等数据；生产部门关注的是原料、生产过程等数据。不同业务方向的数据具有内聚性，同一类型的数据其关联性较强，需要经常进行关联分析。而不同业务方向的数据具有天然的分离性，放在一起并不合适。

从数据安全和管理的角度讲，不同的数据也往往需要不同的部门、人员进行访问，非本业务方向的人员往往是禁止访问本业务类型数据的。例如生产部门的人员一般不被允许访问销售数据，反之亦然。这需要在大数据基础组件之上有一个层次来进行管理和控制。

在大数据基础组件、集群和上层应用间增加一个中间件层可满足上述的需求。中间件层可实现对数据的管控、隔离，单位可按业务方向将使用大数据的人员划分为不同的用户群体，各用户群体之间默认互相不可见，其数据、应用等同样默认互不可见。

大数据的中间件层也可用来实现大数据组件使用接口的抽象，对外提供统一的、可管理的接口供用户使用。

集群的管理是大数据使用中的一个烦琐的工作。中间件层对业务用户屏蔽了集群管理，使业务用户可以只关注业务的数据和处理。中间件层在大数据系统中的位置参见图8-1。

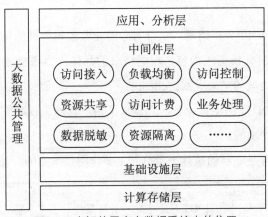

图8-1　中间件层在大数据系统中的位置

8.2　中间件层产品介绍

8.2.1　中兴通讯的ODPP

1. ODPP简介

中兴通讯依据客户的需要以及对市场的研判，提出了大数据中间件层的实现系统ODPP(Open Data Processing Platform)。ODPP运行于大数据平台之上，承担中间件层的一系列功能，如访问接入、访问控制、资源隔离、资源共享、计费、作业运行、数据传送、大小数据量的统一访问以及平滑过渡等。

2. ODPP架构

ODPP整体架构由三层构成，分别是client访问层、服务提供层、基础运算集群层，如图8-2所示。

Client访问层是使用者直接进行操作的部分，使用者可以通过ODPP提供的cli工具、dt工具来实现对ODPP的访问。如果使用者希望通过系统和ODPP对接来获取ODPP的服务，也可按ODPP的接口规范和ODPP的服务层对接，从而实现对ODPP服务的访问。

服务提供层是ODPP分析请求、执行对应的业务逻辑处理的部分。此部分首先对请求进行接入，之后分析请求内容，根据请求的具体内容选择相应的业务处理机制进行处理，然后将处理的结果返回给client端。

服务处理层是ODPP的主体部分，其包含了用户管理、权限管控、任务调度、业务处理及计费等多种功能。

存储计算层集群是底层的执行平台，其主要作用是数据的存储和运算。

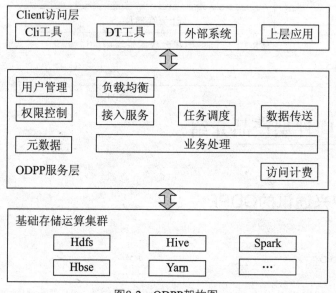

图8-2　ODPP架构图

3. 基本概念

用户群体，指具有相同目标或关联紧密的业务关系的多个用户，这些用户具有相同的工作目的，因此在这些用户间天然地产生业务关联。一个用户群体内产生、使用的数据往往是相同或类似的，并且对数据的访问也比较类似。

空间(space)，是ODPP提供给用户群体使用的由数据、用户、权限、作业等组成的集合。Space是某一个用户群体在ODPP内进行操作等活动的空间。群体内的用户可以将数据上传到此空间,并进行分析、计算,也可以从此空间下载数据。

空间所有者(space owner),顾名思义,是space的所有者。Space由space owner创建。Space owner可在空间内创建用户,并且可对空间内的资源访问权限进行分配。Space owner也可将空间内的资源打包共享给其他空间的人员。

空间用户(space user)是某个space内的用户,space user归属于此空间,默认只能访问本空间的资源。Space user由space owner创建。

ODPP用户是ODPP系统用户的统称,space owner和space user都属于ODPP用户。

资源包(resource package),是space间用来共享资源的基本单位。两个space间可以通过资源包的方式来共享数据。

ODPP各基本概念间的关系如图8-3所示。

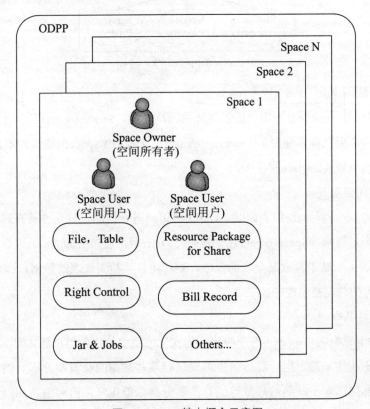

图8-3　ODPP基本概念示意图

4. 功能

ODPP作为大数据中间件层的实现,为使用者提供资源隔离、访问控制等多种功能。

(1) 访问接入

ODPP支持采用基于http的restful接口为使用者提供访问服务。使用者按照ODPP接口定义提供访问参数，ODPP处理请求并返回处理结果。

ODPP的访问接入采用分布式处理，通过负载均衡将大量请求分布在不同节点上处理，支持大流量的访问请求。其还支持高可靠性，某部分处理节点故障后，不会导致整系统的服务中止。访问接入部分的结构如图8-4所示。

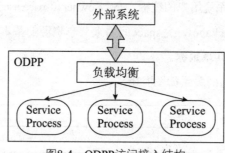

图8-4　ODPP访问接入结构

(2) 资源隔离

ODPP通过sapce划分为用户提供资源的隔离功能。Space owner可以在ODPP上开辟空间以供本用户群体使用。本space内的user只能看到本space的资源，不同space内的人员感知不到其他space的存在。

(3) 访问控制

ODPP用户访问space的资源时，ODPP对访问进行控制，只允许具有对应权限的用户访问指定资源。Space owner在创建space user后，可按资源对user进行授权。如对某个space user赋予检索某个表的权限，则此用户可检索此表的数据。因此在space内，对数据的访问是受控的。

(4) 资源共享

ODPP通过空间对space进行了隔离，但实际应用中往往各用户群体间不是完全割裂，老死不相往来的。用户群体间也需要进行某些数据的交流和分享。例如销售部门和生产部门，对于产品的数量等信息需要分享，但生产部门和销售部门分属两个space，互相之间数据不可见。这种需要跨space共享资源的情况可以通过ODPP的资源包来解决。

Space owner创建共享包，然后将需要分享的资源加入此包，并指定分享的权限，例如只允许对方读取此资源。将需要分享的资源增加完毕后，可将此包授权给其他space的某个用户。授权后，被授权的另一个space的用户可访问此资源的数据。

Space owner可创建多个资源包，以满足不同的资源分享需求。如果不再需要分享资源，可以删除资源包。一个资源包也可共享给多个不同的用户。

Space间资源共享的结构如图8-5所示。

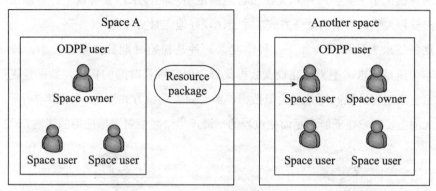

图8-5　资源共享

(5) 数据传送

使用者在需要将数据等信息传递到ODPP的space内时，可使用ODPP的数据传送功能。ODPP的数据传送支持将使用者的数据上传到用户的space内，也支持用户从space内下载数据。

从space内下载数据时，用户需要获得下载权限才能执行下载过程。没有下载权限的用户无法从space下载文件。这可以防止space的文件被下载后不受控制地传播。

ODPP提供数据传送的接口供使用者的系统和ODPP对接，以便实现数据的传送。同时ODPP也提供了一个数据传送工具DataTransit，对于手工操作的用户，可直接通过此工具和space进行数据文件的传送。

ODPP的数据传送功能如图8-6所示。

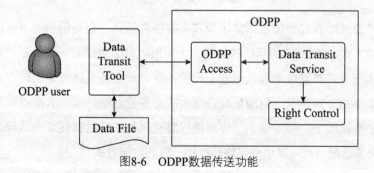

图8-6　ODPP数据传送功能

5. 大小数据量的统一访问和平滑过渡

大数据的应用不是一蹴而就的，有一个逐步积累、演化的过程。对于某些应用，可能还存在传统数据量和大数据并存的场景。对于这些场景，单纯地使用传统应用或者仅仅是大数据应用都无法很好地满足用户的需求，要寻找一种可以结合传统数据量和大数据场景的处理方式，才能比较好地应对实际需求。

这种需求大致可分为如下几种情况。一种是初始时期数据量比较小，传统的应用即可满足需求，不需要建设大数据集群。但经过长时间的积累，数据量逐步增加，原有系统无法很好地处理大量数据，需要向大数据方式演化，如图8-7所示。这种方式的主要需求在于能满足演化过程的平滑，尽量减少对上层应用的影响。

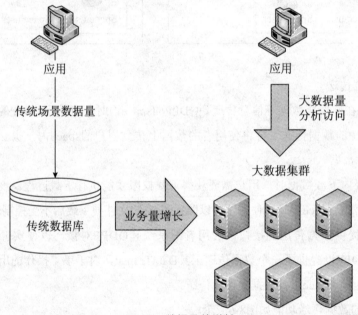

图8-7　数据量的增长

另一种是同时具有传统数据量场景和大数据量场景，根据用户的需要确定建设时采用哪种方式，如图8-8所示。例如同一个应用，对于数据量、业务量比较小的客户，采用传统方式建设成本低，也便于维护；而对于业务量比较大的客户，则可采用大数据集群的方式建设，以满足客户庞大的业务量。在传统、大数据两种方式间演化的可能性比较小，但要求上层应用能同时在两种底层数据技术上运行。这可以由上层应用来适配，也可以由底层结构提供一致的访问方式。

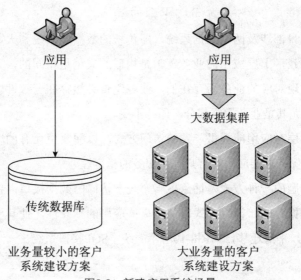

图8-8　新建应用系统场景

第三种方式同样是具有传统数据量场景和大数据场景，和第二种的区别是需要经常在两种场景间切换，如图8-9所示。例如同一个工具，业务量小的客户能分析业务数据；业务量大的客户时也可以分析大数据业务。在这种方式下，上层应用不会同时访问传统数据系统和大数据集群。

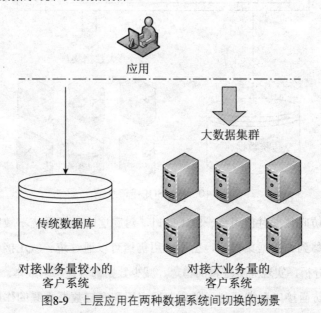

图8-9　上层应用在两种数据系统间切换的场景

第四种方式是上层应用会同时访问传统数据系统和大数据集群，两种系统同时使用。

以上各种场景都涉及两个数据系统，即传统的数据库系统和大数据集群系统。而对于不同的场景，上层应用的业务逻辑是相似的甚至是相同的，无论是哪种业务量，都是为了实现对应的业务而存在的，业务逻辑必然存在一致性。因此上层应用的变动比较小，尤其是业务逻辑部分，保持不变。

这就要求底层对应用能提供一致的访问方式，以便复用已有的应用，保持应用的稳定性，从而保持上层应用对客户提供服务的稳定性。

解决这个问题的一种方式是抽象出一个统一访问的数据接口，使上层应用尽量不感知底层的数据存储、计算方式，从而提高应用的独立性，使其可在不同底层库变更时保持稳定，平滑迁移，如图8-10所示的统一SQL接口系统。

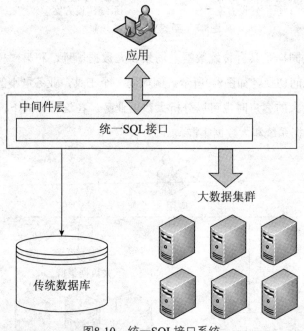

图8-10　统一SQL接口系统

上层应用访问数据时使用统一SQL接口，对底层的数据系统不敏感。底层数据从传统方式迁移到大数据集群后，上层应用仍然可以通过统一SQL接口实现对业务数据的访问和分析，实现业务逻辑的稳定，减少数据部分迁移的成本。

统一SQL访问接口系统起到了隔离上层应用和底层数据系统的作用，是上层应用访问业务数据的桥梁，也是中间件层中一个重要的组成部分。

8.2.2 阿里巴巴的ODPS

1. ODPS简介

阿里巴巴的ODPS全称为Open Data Processing System，是阿里巴巴提供的面向大数据的云计算服务。ODPS可支持结构化数据，也可支持半结构化数据。用户可通过ODPS存储自己的数据，也可以在ODPS上对所存储的数据进行分析计算。ODPS提供针对TB/PB级数据、实时性要求不高的分布式处理能力，应用于数据分析、挖掘、商业智能等领域。

ODPS是一个收费系统，用户使用前需要开通阿里巴巴的账号，登录阿里巴巴系统后，再开通ODPS服务，则可以使用ODPS系统。使用期间ODPS对用户的操作进行计费，其费用通过阿里巴巴账号的支付宝进行扣除。

2. ODPS主要概念

(1) 项目(project)

项目是阿里巴巴ODPS的一个概念，是指对用户来说一组相关的数据、算法、资源等的集合体。项目空间(Project)是ODPS实现多租户体系的基础，是用户管理数据和计算的基本单位，也是计量和计费的主体。

所有对象都是属于某个项目空间的。一个用户可以同时拥有多个项目空间的权限。

(2) 表(Table)

所有的数据都被存储在表中。表中的列可以是ODPS支持的任意种数据类型(Bigint，Double，String，Boolean，Datetime)。ODPS中的各种不同类型计算任务的操作对象(输入、输出)都是表。用户可以创建表，删除表以及向表中导入数据。

(3) 任务(Task)

任务是ODPS的基本计算单元。SQL及MapReduce功能都是通过任务(Task)完成的。对于用户提交的大多数任务，特别是计算型任务，如SQL DML语句、MapReduce等，ODPS会对其进行解析，得出任务的执行计划。执行计划是由具有依赖关系的多个执行阶段(Stage)构成的。

3. ODPS架构

ODPS整体架构主要分为三个部分，如图8-11所示。

第一部分为ODPS的客户端，主要为ODPS自带的客户端访问工具，包含命令行终端和数据传输工具。

第二部分为ODPS的主体部分，由两个层次组成。接入层负责ODPS对外的接口处理，接入外部访问请求。业务处理层则执行对应的业务逻辑，并回应请求。

第三部分是存储、计算集群，严格地说属于外部系统。ODPS在此集群之上实现数据的存储和计算。

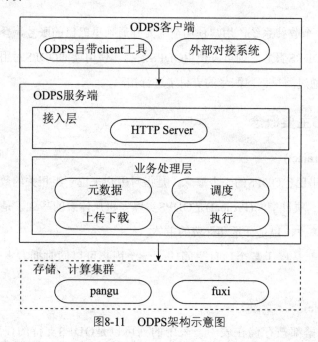

图8-11　ODPS架构示意图

4. ODPS功能和特性

(1) 用户和角色

用户身份：在阿里巴巴系统中使用统一的验证机制，即"阿里巴巴账号ID+access key"的方式。其中access key是对等加密秘钥，只有阿里巴巴和用户知道。

角色(Role)是一组访问权限的集合。当需要对一组用户赋予相同的权限时，可以使用角色来授权。基于角色的授权可以大大简化授权流程，降低授权管理成本。当需要对用户授权时，应当优先考虑是否应该使用角色来完成。

项目(Project)被创建时会自动创建一个admin角色。此角色可对项目内所有的内容进行访问，并可管理用户和角色，以及对用户、角色授权，但不能向其他用户传播admin权限，只有Owner可向其他用户指定admin权限。

(2) SQL服务

ODPS对外提供SQL服务，客户端可通过接口执行SQL语句。自带的客户端工具内有对应的命令。使用者可手工执行SQL语句。

(3) 数据上传下载

ODPS提供的数据上传下载工具为dship，通过和ODPS的TUNNEL服务交互实现数据的传递。

上传数据举例：

dship upload log.txt test_project.test_table/p1="b1"，p2="b2"

下载数据举例：

dship download test_project.test_table/p1="b1"，p2="b2" log.txt

(4) 计费

ODPS对存储、处理和数据下载收费。

在存储方面，存储到ODPS的数据，会按照其数据容量的大小进行计费，计费周期是一个小时，具体计费公式为：

$$每小时存储费用 = 存储容量 \times 存储价格$$

存储的费率如表8-1所示。

表8-1　ODPS存储费率

计费项	价格
存储价格(元/GB/小时)	0.000 8元

在计算方面，目前仅有SQL处理。其费用是按数据量和计算复杂度收费的。计费公式如下：

$$一次SQL计算费用 = 计算输入数据量 \times SQL复杂度 \times SQL价格$$

SQL计算的费率如表8-2所示。

表8-2　ODPS的SQL费率

计费项	价格
SQL价格(元/GB)	0.3元

数据下载方面，用户可以通过阿里巴巴提供的工具下载数据。费用按下载的数据量计算。

一次外网下载费用＝下载数据量×下载价格

外网下载的费率如表8-3所示。

表8-3　ODPS的外网下载费率

计费项	价格
外网下载价格(元/GB)	0.8元

其只对外网下载数据收费，在阿里内网是不收取下载费用的。

5. ODPS应用场景

开放数据处理服务(ODPS)，适用于离线数据的处理、分析或挖掘，它同时提供存储和计算两种能力，支持SQL和编程(Map/Reduce框架)等多种使用方式，不管是海量数据，还是有一定规模的数据，都能使用他进行数据的分析和挖掘，发挥数据的价值。

ODPS支持海量的数据级别的分析处理，但响应速度较慢。其主要应用于对历史数据的处理。此类数据具有入库后不变的特点，并且往往数据量极大，对分析时间要求不高。

阿里巴巴的ODPS依托于阿里巴巴的整个生态系统圈，阿里巴巴的淘宝、天猫等系统内的商业用户的数据天然地存储在阿里云上，并且具有不少数据量较大的用户。这些用户有分析销售数据并指导自己的业务的需求。如一个销售衣服的网店需要分析客户的构成、购买习惯、偏好等，以指导自己的进货、销售方式、促销、广告等。所以ODPS的用户来源有比较明确的途径。

8.2.3　亚马逊的Aws

本节我们介绍一下亚马逊系统的概括、架构、功能特性以及优劣势。

1. Aws简介

Aws是亚马逊web服务(Amazon Web Service)的简称，是亚马逊推广的云服务的统称，包含多种类型的服务和产品，可以为用户提供计算、存储、分析、数据库、部署、安全管理以及一些常用的应用服务。可以说，Aws是亚马逊一系列产品的组合，用户可以根据自己的需求选择使用产品，对于某些产品可以自己选择使用的数量、容量等内容。简单地说，Aws是亚马逊向用户提供IT设施的一种方式。

对用户而言，使用Aws可以省去自己投资建设对应的数据服务的成本，并且Aws系统的维护也不需要用户关心，因此长期的维护成本也可省去。在不需要的时候，可以选择关闭服务，不需要再支付费用。这对于不少企业单位来说可以节省不少开支，减少维护的人力，非常具有吸引力。

Aws包含的产品总体上有如图8-12所示的几个类别，如计算、存储、数据库、应用，以及管理和部署。

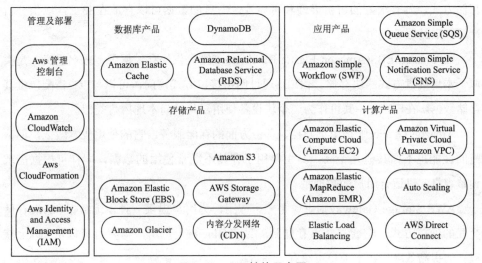

图8-12　AWS结构示意图

2. Aws的功能和特性

(1) 计算和网络方面

亚马逊提供包含Amazon Elastic Compute Cloud(EC2)的计算服务。类似于一个虚拟机，包含一个实例预配置模板，通常是AMI(亚马逊系统镜像)、实例的配置和挂接的存储。存储一般使用亚马逊的另一个产品EBS(Amazon Elastic Store)。这几项内容共同组成一个用户使用的虚拟机环境。

Amazon EMR(Amazon Elastic MapReduce)是一种计算服务，为用户提供计算海量数据的能力，基于Hadoop的架构可灵活配置容量。此服务在EC2上运行，并且还需要Amazon S3的产品进行支持。其一般用于离线计算，如数据挖掘、海量数据分析、计算密集型的工程计算等。

Elastic Load Balancing是亚马逊的负载均衡，可以在各个EC2实例间分配访问请求，同时也可实现更高的可靠性。如果出现实例故障，无法处理业务，ELB可不向故障的实例发送请求，直到此实例恢复。

Amazon VPC(Virtual Private Cloud)为用户提供逻辑上私有的网络，以满足用户对组网的定制化需求。用户可设置多种参数，如IP、子网、网关等。

(2) 存储方面

亚马逊同样提供多种用于不同场景的存储服务。

其中，Amazon S3是一个提供web方式访问接口的存储服务，为用户提供廉价的存储方式，具有很好的可扩展性和可靠性。海量的数据可以存放在S3上，以供分析计算等后续服务使用。

而Amazon EBS(Amazon Elastic Block store)则提供块存储服务，顾名思义，是类似于本地磁盘方式的块存储。但EBS通过网络接口方式访问，可以与EC2搭配，供其存储数据。在EC2中，其可作为一个块设备使用，与访问本地磁盘类似。

Amazon Glacier则是用于归档、备份方面的存储服务，它的使用成本较低，但访问的性能也不如其他几个高。其主要用于存储不经常使用的数据，同样可根据需求调整容量，以适合用户的数据量。

AWS Storage Gateway则更像是一个应用，为用户提供一种本地数据和Aws存储交互的便捷方式。它会将数据存储到S3或者Glacier上，用户需要时可以从Aws上获取。为提高效率，在本地也可缓存一些数据。

(3) 数据库方面

亚马逊主要提供了DynamoDB、Amazon Elastic Cache以及Amazon Relational Database Service几种数据库。

其中，Dynamo DB是一种NoSQL数据库，亚马逊宣称数据存放在SSD上，提供极高的可用性和耐久性。

而Amazon Elastic Cache则是基于内存的缓存服务。其提供高速度的访问性能。内部引擎支持MemCached和Redis。

Amazon RDS(Relational Database Service)则是提供关系数据库的一种服务，用户需要使用关系库时，则可选择此种服务。鉴于关系库应用的广泛性，这项服务对于保留并使用用户的现有代码是有力的支持。

除了基本的计算、存储和数据库服务，Aws还提供了一些常用的应用层服务，包含Amazon SQS、Amazon SNS以及Amazon SWF。

Amazon SQS(Amazon Simple Queue Service)是一个队列服务，可扩展，提供高可靠性。其主要用于跨节点、跨进程的数据传送。

与SQS对应，Amazon SNS(Amazon Simple Notification Service)是一种订阅、通知

方式的消息机制，可以说是SQS共同组成了消息队列的两种应用模式。但SNS相比传统的消息队列提供了更多的功能，如可通过客户指定的方式发送通知，例如邮件、SMS等。这使其实用性更好。

Amazon SWF(Amazon Simple Work Flow)则是一个简单的工作流产品，使用户可以定制应用程序的执行流程，更好地协调各应用间的步骤。

同时Aws也提供了一些部署、管理方面的工具，以提供更好的易用性。

8.3 中间件层的应用

8.3.1 数据隔离

本节介绍中间件层对数据的隔离，以及与隐私相关的屏蔽。

在大数据的实际应用中，用户往往面临一个问题，其建设的大数据平台容量很大，性能也很高，能容纳其产生的数据，但是数据都混杂在一起，没有分隔。如图8-13所示，单位或用户群体的所有人都向同一个地方堆放数据，并读取这些数据。就像建设了一个超大房间的库房，所有货物都堆放在一个房间内，无论是日用的、办公的，甚至是危险的。

而对于用户来说，其内部往往是有群体划分的。如一个单位内不同的部门负责不同的业务。销售部门会产生销售数据，并且其最关注的也是销售数据。人力资源部门关心的是人事数据，而对销售产品类型、销售量等并不关注。无论何种单位，这种群体划分是天然的，并且也是必然的。各群体间业务方向不同，从而其产生的数据也不同，对使用数据的影响则更大。而且不同业务群体间的数据往往是不便暴露给其他群体的。如销售的合同价格等，属于机密的数据，需要把这些数据和其他用户群体隔离开。

大数据的基础组件侧重于完成数据的存储和运算，数据的隔离等并非其重点。而上层的应用则更关注数据的使用和业务逻辑。对于缺失的数据隔离功能，可以由中间件层来承担。在大数据基础组件上为上层应用提供数据的隔离，也正是中间件层作为基础组件平台和上层应用间的桥梁。

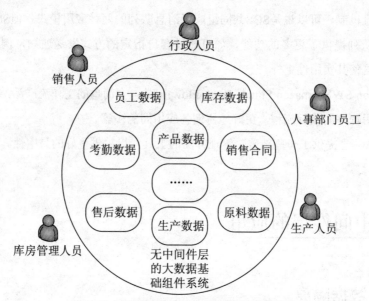

图8-13 无中间件层的大数据基础组件系统

如图8-14所示，通过中间件层的隔离，各用户群体拥有各自独立的空间，在此空间中存放本群体产生的数据，并对本群体的数据进行读取、分析。

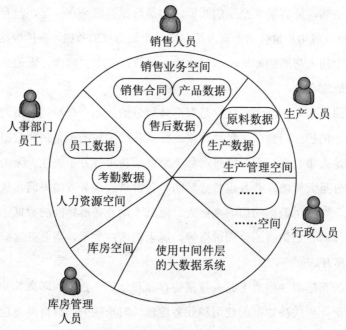

图8-14 使用中间件层的大数据系统

对于底层大数据基础组件平台，则可以公用，以节省建设、维护成本，并且提供更强大的性能和更高的可靠性。

8.3.2 访问计费

大数据集群系统的建设成本往往比较高昂，还拥有较耗费人力的运行维护，这些都是大数据系统的成本。数据的存储以及数据的计算、传输都需要消耗集群的各种资源。因此对数据的访问在某些情况下需要进行计费，例如单位内部各部门间的结算，或者单位间的费用占比统计，或者单位和个人间的费用等。

具体的计费费率和方式和客户的实际情况关联紧密，各客户间差别也比较大，所以作为一个中间件层的功能，访问计费提供的是一个通用的计费数据，即提供访问的基础数据。例如访问的时间，访问者的用户名称，本次访问的数据量，以及和计算相关的一些数据，如复杂度等。

访问计费在获取到这些基础数据后，可存放起来。客户如果需要结算费用，会再建设计费系统。计费系统读取访问计费输出的数据，并根据自己制定的计费规则计算费用，进行结算。中间件层的计费结构如图8-15所示。

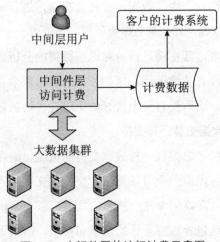

图8-15　中间件层的访问计费示意图

8.3.3 中间层在应用中的必要性

中间层在大数据的体系架构中处于应用和底层组件的桥梁位置。如果在大数据的应用中缺少了中间层，则会缺少对底层集群服务API的抽象和封装，也无法很好地对数据进行封闭和保护。在实际应用中，部署中间件可以使大数据系统成为一个相对独立的生态系统，对内部数据的访问进行管控，对外提供统一的访问机制，从而作为一个较完善的系统对外部提供服务。

8.4 中间件层的发展

8.4.1 数据交易

数据本身不仅仅是用来存储和展示的，其自身也具有价值。在以前尚未进入信息化社会的时代，社会能收集的数据量比较小，也没有一种强大的方法可以收集、存储、分析大量的数据。而现在，得益于整个社会的信息化程度的提高，我们能有更多的设备来收集人类活动产生的数据，并将其存储，进行分析，数据的价值也就逐步地体现出来了。可以说，如今是数据价值得以展现的一个时期。

对于大数据的持有者，其在满足自身对这些数据的分析需求之后，这些数据并非就被充分利用了，也许有其他用途。这些外部的数据需求者要得到所需的数据，在现阶段是比较困难的。因为没有一个良好的渠道提供给供需双方。中间件层可以承担起这样的功能，对数据交易进行支持。

对于中间件层，可以考虑提供一种数据交易的机制，能在此之上快速搭建起数据交易系统，给供需双方提供一个可以展示、交流、交易的通道。数据交易包含的主要功能如图8-16所示，需要包含几个基本的功能，首先是供给方数据的展示，或者需求方需求的展示，这包含数据条目的展示和检索，需求条目的展示和检索。同时提供数据的存储，为双方提供存储数据的能力。其还需要提供数据交易的一致接口，提供方通过此接口提供数据，需求方也通过此接口获取数据。另一个必不可少的功能就是计费，需要提供如数据名称、交易的数据量等信息。一个费用结算接口也是必不可少的，以供后续的费用结算系统使用。

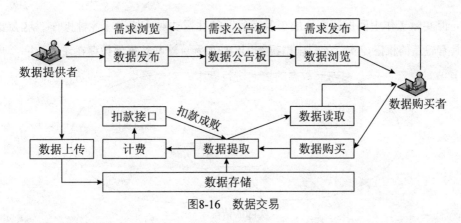

图8-16 数据交易

基于大数据的数据交易是充分利用数据价值的一种很好的途径，也是大数据的拥有者获取新的价值的有效方法，有望获得快速的发展。

8.4.2 中间层的权限

中间件层在大数据体系内承上启下，上层应用可能属于多种用户，其对基础平台的访问需要进行控制，这些管控往往是按业务划分的。大数据基础集群主要用来提供基础的存储、运算服务，对更灵活、贴近业务的管控不是其关注的重点。此部分可由中间件层来提供，以便上层应用可以更安全地在大数据集群上运行。

除了应用的权限，大数据体系中还包含了大数据管理人员、运维人员。运维人员往往对大数据系统上存储的内容具有较高的访问权限。而对于一些比较机密的数据，使用者更希望与业务相关的高级别用户才具有访问权限，其他人员应尽量控制访问这些敏感数据的可能性。这要求大数据的运维能保证系统的正常运转，而不可访问数据。理想的权限控制如图8-17所示，运维人员无权访问用户数据。

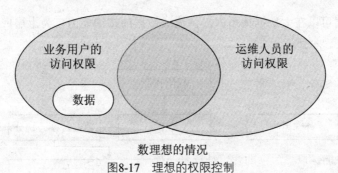

数理想的情况

图8-17 理想的权限控制

但实际工作中要保证系统的正常运行，往往需要对系统进行各种操作，这会要求具有较高的权限，实际的权限情况如图8-18所示。这与数据保护存在矛盾。

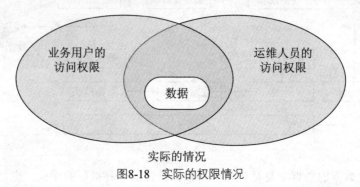

实际的情况

图8-18　实际的权限情况

8.4.3　流式数据处理

大数据目前在离线分析方面做得很好，也是大数据非常突出的应用场景。但大数据的能力应当不止于此。数据往往在产生阶段是源源不断、持续地产生。有些应用场景要求能比较及时地对数据进行存储、分析，既有结构化的，也有非结构化的数据。

实际情况中流式数据往往是通过网络接口形式提供的，而非通过格式化的文件进行交互。这就要求对流式数据有一个接入过程，汇聚为大数据集群内一个较统一的形式，然后提交大数据集群进行处理。汇聚的方式根据具体情况可能有所差异。后端的处理也会根据具体的场景有所不同。例如对结构化数据的快速抽取，可考虑HBase等组件，对非结构化数据的分析可考虑spark等方式。流式数据的处理参见图8-19。

中间件层可以在大数据体系内提供流式数据的接纳能力，为上层应用分析处理流式数据提供一个基础。

图8-19　流式数据处理示意图

8.4.4 图形化开发——人人都可使用大数据

大数据涉及的概念、系统非常多，这需要使用大数据的人员具有较完备的知识。这往往需要一个比较专业的团队才能完成。而现实中大部分拥有大数据并且需要对大数据进行使用分析的单位并非IT行业，不具备这种专业化的能力。而专门为此事成立一个团队也不现实。因此，目前对大数据的分析使用的门槛较高的现状对大数据的发展形成了一些限制，不利于大数据在非IT行业，尤其是规模不大的非IT行业单位发展。

如果能有一种方法降低大数据的使用门槛，以一种比较容易理解、掌握的方式来对大数据进行分析会更容易推广大数据的使用。例如将大数据的分析过程图形化，不需要使用者去登录系统敲命令，尽量通过界面拖拉的方式来建立处理流程，并对图形化流程设置一些基本的配置和参数，即可运行数据分析流程，这会很大程度地降低大数据的使用门槛。如果做得比较好，可以向人人都可使用大数据的目标靠近。

如图8-20所示，图形化的大数据开发工具大致具有以下功能，首先为用户提供一个图形化服务的能力，用户通过图形化的组件编制流程，定义流程后存储进入流程库；之后中间件层对流程进行调度，流程的执行需要和大数据基础集群进行交互；之后获取执行状态、执行结果，通过图形化服务向用户展示执行的信息。

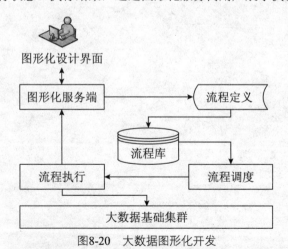

图8-20 大数据图形化开发

8.5　要点回顾

　　本章首先介绍了大数据中间层的基本概念和中间层在大数据系统中位置。然后介绍了几大厂商的中间层产品(包括中兴通讯的ODPP、阿里巴巴的ODPS以及亚马逊的Aws)的概念、架构、功能和应用场景等。接下来结合大数据实际应用介绍如何利用中间件层对大数据系统进行数据隔离和访问计费以及中间件层的必要性。最后，本章展望了中间件层的发展方向，如数据交易、中间层权限、流式数据处理以及图形化开发等。

第 9 章
可视化技术

9.1 可视化技术引言

　　春运是我国乃至全球范围内最大规模的短期人口迁移活动之一，通信是人们在迁徙过程中最基本的需求之一，因此迁徙人群与手机网民重合度极高，迁徙人群绝大多数都是手机网民。百度利用后台对每天数十亿次LBS(基于地理位置的服务)定位数据进行计算分析，于2014年1月推出了百度迁移项目，通过数据可视化的方式，用新的观察视角和方法展现了春节前后人口大迁徙的轨迹与特征。中央电视台《晚间新闻》也与百度合作，首次通过大数据可视化播报了春节人口迁徙情况，这是人们第一次对春运期间的人口迁移有如此直观、清晰的认识。

　　历年来人们都知道节假日期间车多，人多，交通拥塞，尽管各地媒体都会在节假日开始结束时，对出入城流程进行详细报道，但一个城市的信息只是一个点，城市和城市之间的连线能表达的信息远大于一个孤立的点的信息，图9-1为百度迁移提供的2015年5月1日迁出热点城市的数据；同样的数据，当通过数据可视化的方式表现时，比文字和语言更直观，更有说服力。

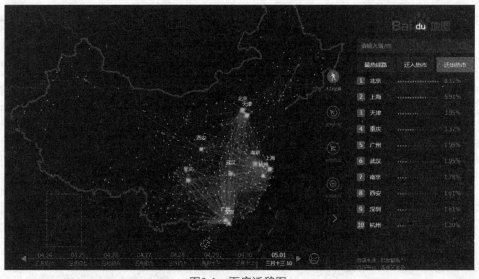

图9-1　百度迁移图

能够被人们容易理解的数据，才是有价值的数据，为了更直观地理解数据本质，挖掘数据价值，数据可视化是必不可少的环节；百度迁移项目可以说是我们身边一个典型的数据可视化案例，它以通俗易通的形式来呈现原本非常沉闷烦冗的数据，并且辅助以交互的方式，让用户能从多个维度(时间、迁移方向、迁移热点)来挖掘这份数据，了解大数据之美。

无论是大数据还是小型数据，如果无法组织并呈现其中的重要发现，则这些数据都毫无意义。这也是为何引入数据可视化的原因，数据可视化不仅可以展现您的数据，还可以研究并了解您的数据。查看图片比逐行逐列地阅读数字更有助于人们理解数据，通过数据可视化，您可以更高效地提出问题并获得答案，拥有快速获取答案的能力，您的数据才会更有价值。

9.2　什么是数据可视化

数据可视化主要旨在借助于图形化手段，清晰有效地传达与沟通信息。图表在阐述重要统计数据的特定数量方面非常实用，它以直观方式表现主题中的各种想法，以数字表示时，理解起来就不会这么容易。但是这并不就意味着，数据可视化就一定因为要实现其功能用途而令人感到枯燥乏味，或者是为了看上去绚丽多彩而显得极端复杂。为了有效地传达思想概念，美学形式与功能需要齐头并进，通过直观地传达关键的方面与特征，从而实现对于相当稀疏而又复杂的数据集的深入洞察。

数据可视化的发展

数据可视化领域的起源可以追溯到20世纪50年代计算机图形学的早期。当时，人们利用计算机创建出了首批图形图表。1987年，由布鲁斯·麦考梅克、托马斯·德房蒂和玛克辛·布朗所编写的美国国家科学基金会报告*Visualization in Scientific Computing*，对于这一领域产生了大幅度的促进和刺激。这份报告强调了新的基于计算机的可视化技术方法的必要性。随着计算机运算能力的迅速提升，人们建立了规模越来越大、复杂程度越来越高的数值模型，从而造就了形形色色体积庞大的数值型数据集。同时，人们不但利用医学扫描仪和显微镜之类的数据采集设备产生大型的数据集，而且还利用可以保存文本、数值和多媒体信息的大型数据库来收集数据。因而，就需要高级的计算机图形学技术与方法来处理和可视化这些规模庞大的数据集。20世纪90年代初期，人们发起了一个新的，称为"信息可视化"的研究领域，旨在为许多应用领域之中对于抽象的异质性数据集的分析工作提供支持。

数据可视化是一个处于不断演变之中的概念，其边界在不断地扩大；狭义上的数据可视化指的是数据用统计图表方式呈现，而信息可视化则是将非数字的信息进行可视化。前者用于传递信息，后者用于表现抽象或复杂的概念、技术和信息；而广义上的数据可视化则是数据可视化、信息可视化以及科学可视化等多个领域的统称，它允许利用图形、图像处理、计算机视觉以及用户界面，通过表达、建模、动画的显示，对数据加以可视化解释，将数据的各种属性和变量呈现出来，帮助人们理解和观察抽象概念。

数据可视化的特点

(1) 交互性：可视化分析是获取数据、单向表示数据、注意结果和提出后续问题的过程。后续问题可能需要向下钻取、向上钻取、筛选、引入新数据或创建数据的其他视图。如果没有交互活动，则无法通过分析解答提出的问题。通过适当的交互活动，数据可视化成为了分析师思维过程的自然延伸。

(2) 多维性：数据可视化必须足够灵活以便能够说明各种问题，为了让数据以最佳可视化效果呈现，通常要综合考虑多个方面：多维性体现在对象或事件数据的多个属性或变量，而数据可以按其每一维的值，将其分类、排序、组合和显示。

(3) 可视性：数据可以用图像、曲线、二维图形、三维体和动画来显示，并可对其模式和相互关系进行可视化分析。

数据可视化的分类

数据可视化可以分为解释型和探索型两大类。

解释型：人类不善于直接解读数据。但人类的视觉系统善于阅读图形，并从中获取答案，可视化就是将数据编码成图形，再由其他人读取图形，解码信息。这种可视化实际上是一种对已知数据进行解释性可视化的过程，主要是通过数据视图展现设计者已经发现的结论，传达给读者；我们日常熟悉的静态图表，包括饼图、折线图、柱状图等，这些原始统计图表都是最基础的数据可视化，此类可视化是设计者事先选择好某种数据维度，对数据进行统计计算，然后展现出来；这种只能算作数据可视化的初级阶段，可视化只涉及数据模型中的二维或者三维，由设计者来选择一种切面视角进行展现；而数据一般都是有多个维度的，面对复杂的多维数据模型，就需要有更先进的技术来展示数据；交互性和多维性是数据可视化进入高级阶段的显著特性，数据模型更加抽象，直接与可视化的表达形式进行关联；设计者通过数据建模，设计与数据模型匹配的图形模式，由使用者通过交互的方式筛选数据，选择自己关心的维度，实时查看分析数据。

探索型：探索型视图工具可以帮读者发现数据中明显的、有价值的模型；探索型视图与数据模型的关联更加紧密，一般是先进行业数据建模，然后确定展现方式，通过数据输入，自动产生可视化视图，使用者通过对产生的视图进行分析，挖掘其中的信息和价值，视图希望表达的结论，并不是已经发现的，而是等待发现的。

借助探索型可视化分析，您还可以随时做两件事：

➢ 改变正在查看的数据，因为不同的问题往往需要不同的数据。

➢ 改变查看数据的方式，因为每种视角都可以回答不同的问题。

利用这些步骤，您就进入了一种"可视化分析循环"的状态：获取数据、查看数据、提问并回答问题，然后周而复始。每一次，您的疑问都会逐渐深化。您可以向下钻取、向上追溯，或者横向搜索。您随时可以把新数据添加进来，随着可视化加速并扩展您的思维，您会创建一个接一个的视图，准备就绪后，就可以和同事分享。同事提出并回答自己的问题，加速整个团队的洞见、行动和业务成果。

解释型和探索型数据可视化，并没有谁优谁劣，它们的适用人群和场景各有不同。

很多网站都会针对访问的来源和时间进行统计分析，挖掘用户和潜在用户的行为习惯，用于改进推广方式，提高站点的访问量；站点的访问数据就是大数据的一种，此类数据有多种关键字，如访问时间、访问来源、访问者地点等，图9-2是某站点的用户访问的来源统计图，设计者选择了访问时间和访问来源两个维度进行数据分析，并针对访问来源中的搜索引擎进行细化分析，用户通过这种可视化的图形，可以很清晰地看出各自数据来源所占的比例，以及其中哪种搜索引擎贡献最大；同时可以通过交互的方式，过滤自己不关注的数据(如取消联盟广告的对比)，按自己的视角来分析数据，挖掘数据中隐藏的价值。

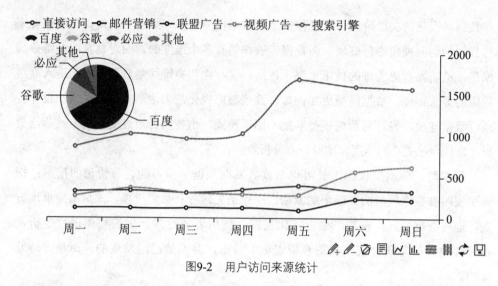

图9-2　用户访问来源统计

图9-2是一种典型的解释型数据可视化，图形分析的维度由设计者预先设计好，由用户来决定表现的形式和表现的数据；表现形式中涉及的数据模型是设计者预先定义好的；例如上述图形对搜索引擎进行了细化分类对比，如果用户希望对邮件营销和访问时间进行细化分类对比，以查看哪类邮箱用户在什么时间访问量最高，这就超出了设计者想表达内容的范畴；但这并不是说设计者无法实现，而是数据的维度比较多，通常会选择行业里面关注度最高的维度进行分析，或者根据用户的需求进行定制。

对于同样的站点访问数据，如果使用探索型的可视化工具进行分析，则会是另一种完全不同的方式，探索型的可视化工具一般会设计成和数据源解耦的工具，支持excel、csv等各种关系型数据库作为数据源，工具的设计并不涉及数据的分析维度，能从哪些维度分析取决于数据源的数据模型建模。探索型可视化工具可以根据数据源中的数据属性或者属性的组合作为一种维度分析，但并不是所有的属性作为维度都有意义，所以需要用户结合行业领域知识，选择合理的分析维度进行分析。

图9-3是使用探索型可视化工具Tableau针对大学招生成绩数据进行的分析，分析的维度由使用者自己选择，工具本身是和导入数据集解耦的，工具并不会预先设计一种数据维度或展现形式，工具只是根据数据集中的字段属性来提供分析维度的选择；希望通过工具表达展现的内容，完全由使用者来设计，使用者可以设计符合自己视角的分析模型，选择某种合适的图形来展现数据。这种和数据源完全解耦的方式，用户可以将关注点放在自己的分析模型上，即使数据发生变化，也可以使用同

样的分析模型对数据进行重新分析。

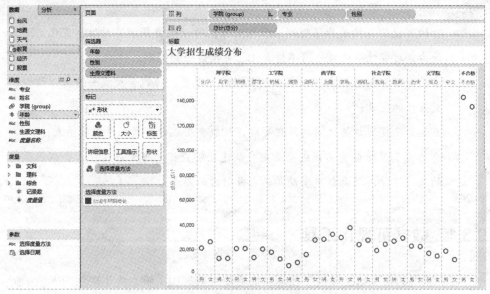

图9-3　大学招生成绩分布

9.3　数据可视化设计

数据可视化的应用为我们搭建了新的桥梁，让我们能洞察世界的究竟，发现形形色色的关系，感受每时每刻围绕在我们身边的信息变化，还能让我们理解其他形式下不易发掘的事物，那么如何才能做好大数据的可视化呢？

整个设计流程中，数据是基础，如果仅仅把数据置于孤立、静态的图形中，则会限制可视化能够回答的问题数量，让数据贯彻其中，把来龙去脉娓娓道来，成为数据可视化的核心所在。数据可视化，并不意味着一定要使用很炫的图形，不同类型的数据需要的展现方式不同，即使是最朴实的展现方式，也有适用的场合，可视化的最终目的是为了用直观、交互的方式传递数据中隐藏的信息，回答用户的问题。如果图形很绚丽，但是无法从图形中获取有价值的信息，这样的可视化是不可取的。

数据可视化设计，需要根据场景对数据维度或属性进行筛选，根据目的和用户群选用表现方式，同一份数据通过数据可视化可以展现成多种看起来截然不同的形式。

> 有的可视化目标是为了观测、跟踪数据，所以就要强调实时性、变化、运算能力，可能就会生成一份不停变化、可读性强的图表；

> 有的为了分析数据，所以要强调数据的呈现度，可能会生成一份可以检索、交互式的图表；

> 有的为了发现数据之间的潜在关联，可能会生成分布式的多维的图表；

> 有的为了帮助普通用户或商业用户快速理解数据的含义或变化，会利用漂亮的色彩搭配、动画创建生动并具有吸引力的图表。

9.3.1　数据可视化工具

我们获得的数据远远超过了我们对如何使用数据的了解，为了更加深入地了解数据，我们需要相应的数据可视化工具，来辅助我们处理这些数据。本章节主要介绍一些常用的数据可视化工具，看看这些工具在大数据分析场景能给我们带来什么便利。

(1) D3(Data-Driven Documents)

D3是一个由《纽约时报》可视化编辑 Mike Bostock 与他斯坦福的教授和同学合作开发的，用于数据文件处理的JavaScript Library，全称叫做Data-Driven Documents。D3的应用非常广泛，现在已经成为了主流数据可视化工具之一，《纽约时报》出品的一些赫赫有名的数据产品，也都使用了D3.js，如图9-4《纽约时报》的512 Paths to the White House。

D3的最大特性就是能把数据和DOM(文档对象模型)结合，从而对DOM进行数据驱动的操作和交互，使得数据与图形成为一个整体，即图形中有数据、数据中有图形。如此一来，在生成图形或更改图形时，就可以方便地根据数据进行操作，并且当数据更改之后，也能简单地更改图形。D3使用起来非常灵活，图形表现方式非常丰富，非常适合表达数据之间的联系。网(http://d3js.org/)有很多丰富的样例，如果您发觉某种表现形式也特别适合自己行业的数据，只需替换数据，稍加修改，便可呈现出一份属于自己的可视化数据。

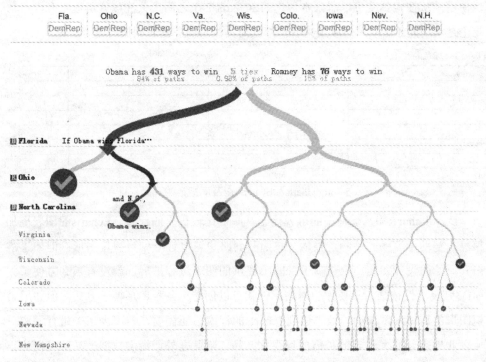

图9-4　《纽约时报》的512 Paths to the White House

(2) 百度ECharts

ECharts是来自百度商业前端数据可视化团队的开源产品，它是基于html5 Canvas的一个纯Javascript图表库，相对于其他图表库，ECharts的特点是深度数据互动可视化，ECharts诉求的是尽可能地为用户呈现数据真实的一面，它提供了一些直观、易用的交互方式以方便你对所展现的数据进行挖掘、提取、修正或整合，让你可以更加专注于你所关心地方，无论是系列选择、区域缩放还是数值筛选，让你可以有不同的方式解读同样的数据。浏览ECharts所输出的图表，你不再只是个"读者"，数据的呈现不仅是诉说，而是允许用户对所呈现数据进行挖掘、整合，让可视化成为辅助人们进行视觉化思考的方式。

ECharts的诞生就是为了重新定义大数据时代的数据图表，推出之后在国内的热度迅速提高，是数据可视化领域一款不可多得的精品。图9-5是通过百度指数分析的商业图表软件highcharts和ECharts在2012年1月至2015年5月之间的搜索热度对比。

highcharts是一个用纯JavaScript编写的图表库，能够很简单、便捷地在web网站或web应用程序添加有交互性的图表，并且免费提供给个人学习、个人网站和非商业用途使用。从搜索热度可以看到本地化的ECharts推出之后，关注度就迅速上升，目前无论是从功能还是从关注度上来看，都已经具备与商业图表叫板的实力。

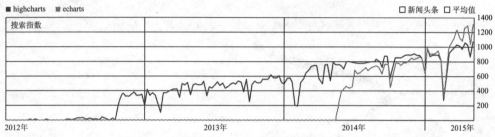

图9-5　highcharts和ECharts在百度指数的对比分析

D3和Echarts都是解释型的可视化工具库中比较优秀的代表。Echarts的图表更加精美，辅助于流畅的动画，很适合按照其套路快速设计一副可视化图形；但如果跳出其原始的设计初衷，希望基于Echarts提供的图表进行扩展，就没有那么方便了。而D3则灵活性很强，只要你想得到，你就可以创造出各种图形展示方式，但如果希望图形的精细程度和动画效果达到Echarts的程度，还需要花费不少工夫进行调整，所以业界也有不少基于D3扩展的可视化产品。除此之外，淘宝数据产品部可视化小组也推出了DataV.js这样的开源可视化产品，提供了一些常用的分析大数据的组件。

不难看出，这几款主流的数据可视化工具，都是诞生于高强度处理分析数据的企业，《纽约时报》、百度、淘宝都拥有长期的数据处理经验，他们设计这样的工具，首先是立足于满足自身的日常统计分析的需要，然后再经过积累锤炼，作为开源产品贡献出来。这样经过实战洗礼的工具，应用于大数据分析领域，自然是得心应手。

(3) ggplot2

ggplot2是用于绘图的R语言扩展包，其理念根植于*Grammar of Graphics*一书。一张统计图形就是从数据到点、线或方块等几何对象的颜色、形状或大小等图形属性的一个映射，其中还可能包含对数据进行统计变换(如求均值或方差)，最后将这个映射绘制在一定的坐标系中就得到了我们需要的图形。图中可能还有分面，就是生成关于数据的不同子集的图形。

注：R是一个数据分析和图形显示的程序设计环境(A system for data analysis and

visualization which is built based on S language)，R语言是一门统计语言，主要用于数学建模、统计计算、数据处理、可视化等几个方向。

使用ggplot2绘图的过程就是选择合适的几何对象、图形属性和统计变换来充分暴露数据中所含有的信息的过程。本质上来说，ggplot2将绘图视为一种映射，即从数学空间映射到图形元素空间。例如将不同的数值映射到不同的色彩或透明度，该绘图包的特点在于并不定义具体的图形(如散点图、箱线图等)，而是定义各种底层组件(如线条、方块)来合成复杂的图形，这使它能以非常简洁的函数构建各类图形，而且默认条件下的绘图品质就能达到出版要求。

ggplot2属于探索型的可视化工具，比较适合多维数据的分析场景，可以从数据的多个切面，进行分析。设计者拿到一份数据之后，可以从数据的多个维度进行切面分析，挖掘数据中隐藏的信息，通过ggplot2进行映射绘制，将数据以图形的方式直观地展现出来。ggplot2更多的是作为一种统计分析的工具，可以协助我们分析大量的多维数据，建立自己的分析模型，从数据中推演出自己的某种观点。其制作的图形没有交互性，一般用于新闻出版类似的文章中，用于辅助证明作者提出的某种观点。

图9-6是使用ggplot2针对钻石的等级、切工、价格进行分析汇总的数据。

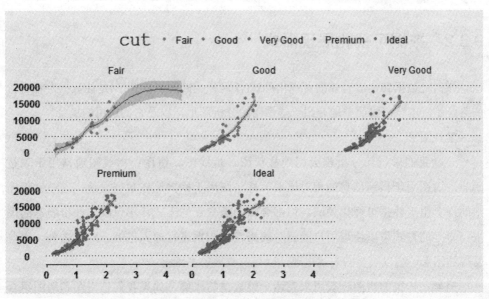

图9-6　钻石在价格、切工、等级各个维度的分布

(4) Tableau

通常情况下，人们分析数据，都是希望从数据中得到自己疑问的解答，上面介绍的一些数据可视化工具，使用起来都需要具备一定的相关知识，但往往了解数据并且有疑问的人员不一定具备使用工具回答问题的技能，而具备此技能的人员却不了解数据。

Tableau是一款探索型的可视化分析工具，它的理念在于，数据分析和后续报告不应是孤立的活动，而是应集成为单一的可视化分析过程，该过程使用户可按照其思路快速查看其数据中的模式，并动态切换视图。Tableau将数据探索和数据可视化合并到一个任何人都可以快速学习的、易于使用的应用程序中。任何熟悉 Excel 的人都可以创建丰富的交互式分析和强大的仪表板，它不需要用户具备编程技能，也不需要去学习数据可视化技术，只要您了解数据，就可以把主要时间集中在思考问题上，分析数据的过程变得更快速、轻松和更为深入透彻。Tableau可以让您创建查看数据的不同视角，并且随需求的变化进行更改。只需轻松点击即可在不同视角间切换，无须等待IT更改请求来了解数据。

Tableau是一款商业软件，同时提供针对个人用户的免费试用版，感兴趣的读者可以访问其官网下载试用。

9.3.2 数据可视化展现形式

如何把数据转化成有效的可视化形式(任何种类的图表或图形)是让数据发挥价值的第一步。本章节将简单地介绍一些常用的分析图形，以及它们适用的场景。

常规图形

一般我们做统计分析都会用到柱状图、折线图、饼图；折线图通常用于表达趋势，饼图用于显示信息的相对比率，柱状图用于横向比较数据数值；这些常规图形同样会用于数据可视化领域，但都会辅助于交互的方式，不仅限于一份静态的图表；交互的方式可以使得用户能够对感兴趣的数据进行深入挖掘。除此之外，这些常规的图形还会以组合的方式出现，以突出数据的多维度。

例如，传统的饼图一般用来表达一维数据的比例，如果我们把饼图和地图组合起来使用，就可以大大拓展饼图的使用方式，图9-7是通过百度ECharts制作的混合饼图，用户展现全国各省的GDP数据，其中地图上的颜色越深代表数值越高，同时用户还可以通过交互的方式在地图上选择参与饼图对比的区域；一方面可以通过地图形象地看到全国最高的省份，同时通过交互式选择也避免了对比条目太多，无法区分重点，把选择的权利交给用户，用户可以根据自己的疑问去设置，进行对比。

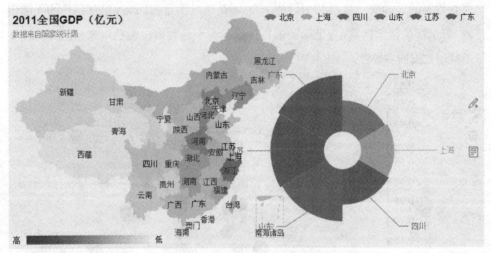

图9-7　全国各省的GDP对比分布

散点图

当想要再深入挖掘一些数据，但不确定不同信息的关联方式，或者是否有关联时，可以选择散点图。散点图是大概了解趋势、集中度、极端数值的有效方式。图9-8是通过百度ECharts制作的散点图样例，展现男女身高体重的分布，可以一目了然地看出平均分布和极端数值。

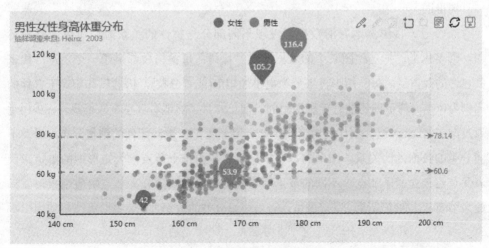

图9-8　男性女性生体重分布

气泡图

气泡图是一种动态的多维度可视化方法，展示维度包括气泡的x坐标、y坐标、大小、颜色、时间等5个维度。通过数据多属性的同步可视化以及时间动画，方便用户探查数据的差异变化以及演变趋势。图9-9是通过淘宝的DataV组件制作的气泡图样例，x坐标是搜索指数，y坐标是销售指数，大小是数值，颜色用来分区分类，一张图呈现数据的多维性。

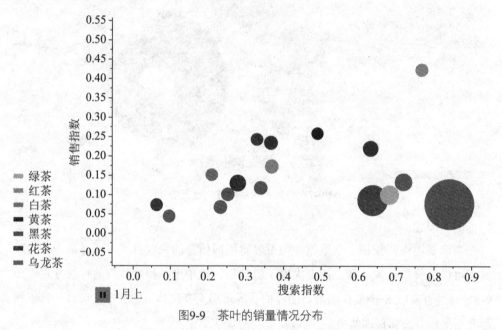

图9-9　茶叶的销量情况分布

树形图

当希望一目了然地看清数据，发现不同部分与整体的关系时，可以选择树形图。顾名思义，把这种图表中的数据想成一棵树：每根树枝都赋予一个矩形，代表其包含的数据量。每一矩形再细分为更小的矩形(或者分枝)，仍然以其相对于整体的比例为依据。树形图还能有效利用空间，便于一目了然地看到整个数据集。图9-10是通过淘宝的DataV组件制作的树形图样例，用于展现3C数码配件的销售分布，以及不同分类的数据占比关系。图中的每个矩形代表树的一个节点，大矩形中的小矩形代表父节点包含的子节点。不同的节点用不同的颜色加以区分，节点的值用矩形面积的大小表示。每个节点可以点击进入查看更细分类的数据占比。

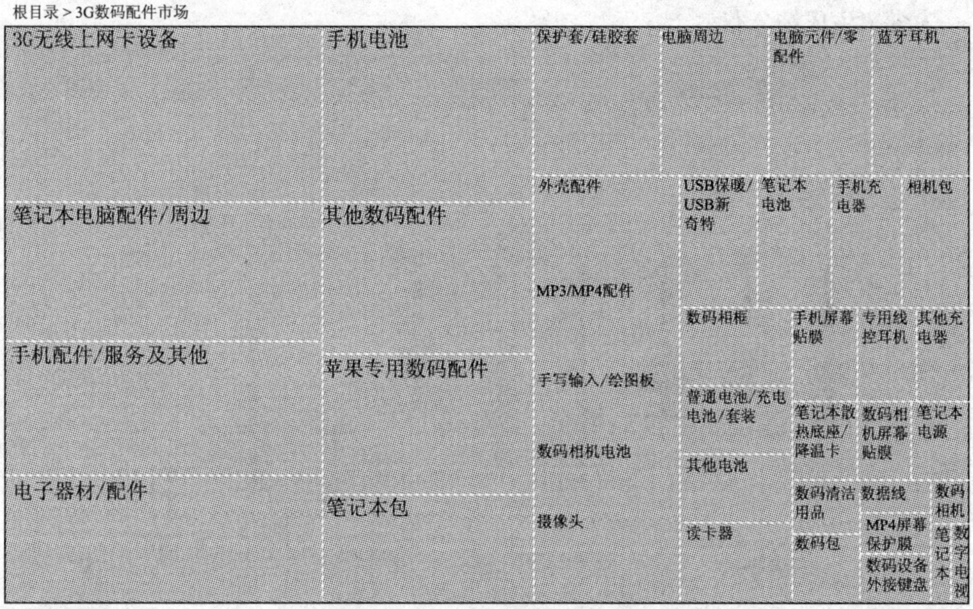

根目录 > 3G数码配件市场

3G无线上网卡设备	手机电池	保护套/硅胶套	电脑周边	电脑元件/零配件	蓝牙耳机
笔记本电脑配件/周边	其他数码配件	外壳配件	USB保暖/USB新奇特	笔记本电池	手机充电器 相机包
		MP3/MP4配件	数码相框	手机屏幕贴膜	专用线控耳机 其他充电器
手机配件/服务及其他	苹果专用数码配件	手写输入/绘图板	普通电池/充电电池/套装	笔记本散热底座/降温卡	数码相机屏幕贴膜 笔记本电源
		数码相机电池	其他电池		
电子器材/配件	笔记本包	摄像头	数码清洁用品 数码包	数据线 MP4屏幕保护膜 数码设备外接键盘	数码相机 笔记本 数字电视
		读卡器			

图9-10　3C数码配件的销售分布

箱形图

箱形图又称盒须图，是显示数据分布情况的重要方式。其名称显示这种图的两个部分：盒，包含数据的中位数，以及第1个和第3个四分位数(比中位数分别大、小25%)；须，一般代表四分位距1.5倍以内的数据(第1个和第3个四分位数之间的差)。"须"也可用来显示数据内的最高点和最低点。当需要展现一组数据的分布情况时，可以选择箱形图。例如：查看数据如何向某一段偏斜，查看数据中的异常值。图9-11是通过Tableau制作的盒须图样例，用于展现大学招生成绩的数据分布，可以看出数学专业和建筑专业平均分最高，机械工程专业和金融专业的分数跨越较大。

大学招生成绩分布

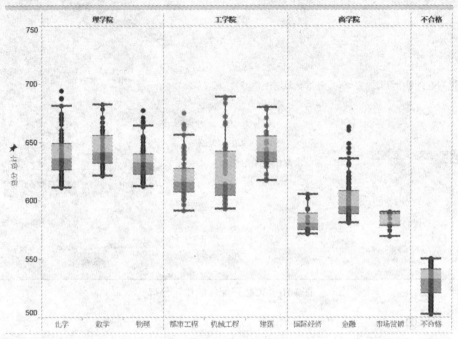

图9-11　大学招生成绩分布

除此之外，还有用于展现数据之间的联系的弦图、力图，用于对比参照目标评估指标表现的靶心图，用于对比两类数据之间的交集的热力图，等等。

9.4　数据可视化的发展趋势

随着各行各业对大数据分析的深入，数据可视化已经在各个领域遍地开花。

企业通过数据可视化宣传自己的产品，学校通过数据可视化来分析自己的生源，电商通过数据可视化分析客户的消费习惯，支付产品通过数据可视化提供年度账单，可视化作品是否优秀，取决于产品本身能给用户带来什么？

学校分析生源，可以提供按星座分配宿舍的服务，电商分析客户消费习惯，可以把用户最可能关注的商品进行推荐，支付产品提供年度账单，可以增加用户的粘性，说到底都是给用户带来了附加价值。这类优秀作品都是解释型的可视化作品，在这些作品背后，展现形式多种多样，如何找到用户潜在关注的分析维度是数据可视化的核心，而探索型的可视化工具可以协助分析策划人员更有效地分析数据，找到数据之间的关联，制作出优秀的解释型可视化作品。虽然可视化在探索型和解释型领域会各自独立发展，但人们通过探索型的工具发现的数据关联，现有的展现方式无法表达时，就会推动解释型工具的更新。

9.5　要点回顾

本章首先介绍了数据可视化的概念、数据可视化的发展、数据可视化的特点和数据可视化的分类。然后，本章介绍了如何进行数据可视化设计，如常用的数据可视化分析工具和数据可视化的常用分析图形。最后，本章展望了数据可视化未来的发展趋势。

第 10 章

大数据安全

10.1 安全体系

目前，全球数据量出现了爆炸式的增长，而随着这种数据量的高速增长，大数据也开始了其快速的发展，并改变着我们的生活方式和工作方式，改变了我们过去对待数据的思维认识，开始更加注重数据的相关性的意义，而这也让那些原本低价值的数据，因为可以挖掘出高价值的内容，而变得越来越重要，而数据的重要性的提升，也同时对大数据的安全体系提出了越来越高的要求。

那么什么是安全体系呢？

何谓安全体系，即组织或整体在特定范围内建立的安全方针和目标，以及随之而产生的直接的管理活动，它是基于安全方面相关的一整套系统整体，由物理安全、主机安全、网络安全和应用安全多方面所构成(见图10-1)。

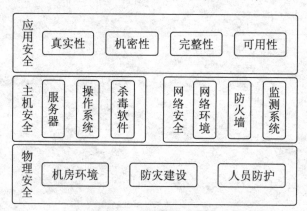

图10-1 大数据安全体系

下面我们来逐一认识一下安全体系的各组成部分。

10.1.1 物理安全

在安全体系中，物理安全系统是整个安全体系的基础，以充分考虑自然事件的威胁为前提，向全系统提供一个安全的物理环境，并具备对接触系统的人员的整套完善的控制手段。简单地说，物理安全就是保护系统设施设备免遭各种自然灾害和人为破坏的技术和方法。如果物理安全得不到保证，那么其他的一切安全措施都是不稳固的。

物理安全主要包括机房环境安全、防灾建设和人员防护等。

机房环境安全主要是指机房及其基本环境，包括环境条件、安全等级、场地周围和机房的建造、装修、防护等必须遵循电子计算机机房设计规范和技术要求，要求环境安全、地质可靠、场地抗电磁干扰性，要考虑避开强振动源和强噪声源，避免设置在建筑物的高层及用水设备的下层和隔壁等，以保证系统能排除各种外界环境的影响正常工作。

防灾建设主要包括湿度、洁净度、腐蚀、虫害、振动与冲击、噪音、电气干扰、地震、雷击等，是针对自然灾害而采取的安全措施和对策，同时，还需要兼顾一些化学和生物灾害的可能性。

人员防护主要是通过建立规范化的防护措施，建立起对于会接触到系统的人员的一套完善的技术控制手段，以防止非授权人员进入或接近机房环境，从而保护机房的物理环境不被他人蓄意破坏。

10.1.2 主机安全

主机安全，就是指保证主机在数据存储和处理的保密性、完整性、可用性，包括硬件、固件、系统软件的自身安全，以及一系列附加的安全技术和安全管理措施，从而建立一个完整的主机安全保护环境。

主机安全是整个安全体系的重要组成部分，是建立在物理安全基础之上的安全体系的进一步完善和补充。

要想做到主机级别的安全，首先要采用高安全标准的、性能可靠的硬件设备来作为系统主机，比如采用各大厂商的服务器，这些服务器往往具备出类拔萃的质量和性能，以及坚实可靠的安全保证。

其次要采购第三方的安全的操作系统。

安全的操作系统，一般是指计算机信息系统在自主访问控制、强制访问控制、标记、身份鉴别、客体重用、审计、数据完整性、隐蔽信道分析、可信路径、可信恢复等多个方面满足相应的安全技术要求。不但具有相应的安全特性，还应该具有足够的安全保障能力。

最后，再需要考虑相对应的合适的杀毒软件，病毒是编制或者在计算机程序中插入的破坏计算机功能或数据，能影响计算机软件硬件的正常运行并且能够自我复制的一组计算机指令或者程序代码。他具有传染性、寄生性、隐蔽性、触发性和破坏性等几大特点，可以说一旦感染病毒，就会导致系统无法正常工作，设置数据破坏，造成重大损失。

所以必须采用和主机系统相适配的安全可靠的杀毒软件，这样才能够对该系统做到全方位立体式的安全覆盖，以保证主机和运行在其上的应用程序不会被外部病毒和非法程序所干扰。

一般来说，对于主机安全的保证，大部分的解决方案可以通过采购著名硬件厂商的专业产品来完成。因为知名厂商的硬件设备不仅质量和性能可以得到很好的保证，经受过长时间严格的测试，而且都会同时提供相匹配的操作系统和配套的安全保护软件，从而让主机能够得到全方位的安全保证，确保主机层面的安全稳定。

10.1.3　网络安全

现在是一个以网络计算为中心的信息时代，计算机网络高速发展，导致网络安全问题日益突出。网络系统的开放性、数据资源的共享性、通信通道的公用性和连接形式的多样性，都对网络安全提出了很高的要求，所以一个安全的网络系统的建立也就成了整个安全体系中至关重要的一环。

网络安全，就是要保护整个网络系统中的硬件、软件，乃至网络通信中的数据都受到足够安全的保护而不被破坏。

首先要有一整套安全稳定的网络设备来构建我们的网络环境。现在很多网络硬件存在着天然的安全缺陷，比如可靠性差、存在漏洞等，这样就很容易被网络中的恶意用户发现和利用。所以，必须采用有着性能稳定的高安全级别的网络设备，从根本上保证网络服务的安全可靠。

其次，采用安全可靠的防火墙。防火墙技术是建立在现代通信网络技术和信息安全技术基础上的应用型安全技术，越来越多地应用于专用网络与公共网络的互联环境中。一般来说，我们会在自有的网络系统和互联网相连的地方布置防火墙。防火墙的意义在于，可以限制进入内部网络的人员，过滤掉不安全的网络服务和非法用户，限制特殊站点的访问，记录各种网络行为和活动，对网络攻击进行监测和告警，从而成为网络安全的第一道屏障。

最后，在网络侧建立网络入侵检测和防范系统。一方面，通过网络入侵检测，快速、灵活、准确地发现各种网络攻击，识别出异常流量、网络病毒等会对网络安全造成问题的隐患。另一方面，要能够保护网络服务不被攻击所阻断。比如DDOS这样的持续性攻击，往往能够造成网络资源的损耗和服务的恶化，所以就需要识别出合法访问和攻击行为，并区别处理，才能保证合法用户的网络访问不受影响，保证整个网络服务的安全顺畅。

10.1.4　应用安全

应用安全，顾名思义就是保障应用程序使用过程和结果的安全。简言之，就是针对应用程序或工具在使用过程中可能出现计算、传输数据的泄露和失窃，通过其他安全工具或策略来消除隐患。

应用安全的目的是要保证信息用户的真实性，信息数据的机密性、完整性和可用性，以及信息用户和信息数据的可审性，以对抗假冒、信息窃取、数据篡改、越权访问和事后否认等针对信息应用的安全威胁。

采用安全可靠和相对独立的应用安全中心是实现应用安全的重要一环。

应用安全中心可以为应用系统提供安全服务，其服务模式有两种：纵向安全服务模式和横向安全服务模式。在实现方式、结合方式和安全保证等方面，横向安全服务模式明显优于纵向安全服务模式。采用横向安全服务模式，可以通过统一的资源命名，多样化的身份认证，安全的分级管理等方式来完成整套安全服务的提供，保证应用层面的安全。

此外，在应用系统的安全性之上，还需要通过专业的安全工具来不断地发现漏洞和修补漏洞，以进一步提高系统的安全性。

10.2　大数据系统安全

　　大数据的安全体系，首先必须要遵循一般的安全体系的层次结构，需要分别建立物理安全、主机安全、网络安全和应用安全这几部分安全系统，并将之进行有机的结合，此外，大数据系统安全还需要根据大数据的体量巨大、类型繁杂、处理快速等特性，进一步有针对性地强化对应的安全要求，从而建立起来一整套的安全体系(见图10-2)和对应大数据的解决方案。

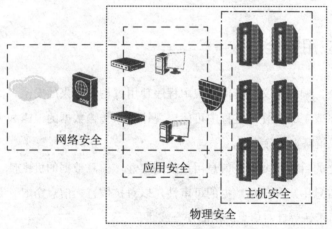

图10-2　大数据安全体系的结构

　　下面，将具体描述各安全系统在大数据环境下所需要建立起来的具体方法和措施。

10.2.1　大数据的物理安全

　　大数据的物理环境，往往意味着其机房会设置大量的服务器，所以在机房建设上，不仅要遵循一般机房的物理安全要素，还需要针对服务器较多的特点，重点强化对大批量服务器的摆放和内部网络布线的规划，防止出现部分地区数据集中度高而造成的安全风险。

　　此外，还需要强化内部人员的门禁和监测机制，全面地控制机房的出入情况，限制管理运维人员的访问区域，防止因为某个人员的安全失控，导致整个机房的安全出现漏洞。

10.2.2　大数据的主机安全

大数据本身因为其机制充分考虑了容错性，所以对于机器的健壮性并不是要求的很高，当一个机器出现故障的时候，大数据集群的工作并不会受到影响，数据会在其他机器的备份上面找回，正在运行的任务也会被分配到其他机器上面继续执行。所以服务器的选择，不像一般的系统那样，对服务器的要求那么高，普通的PC机即可。但考虑到大数据的性能和安全，仍然建议采用高性能、高稳定的PC服务器，以减少数据重分配的影响，同时也可以减轻单个机器频繁宕机而导致性能的下降，从而可能导致对安全系统的冲击。

安全的主机系统

系统方面，大数据的组件大部分都是采用JAVA，由于JAVA虚拟机的存在，使用主流的Linux系统即可。目前Linux系统的安全性和稳定性已经得到了多年的验证，使用Linux系统要比使用其他系统更加安全。

更加卓越的补丁管理机制

在微软的Windows系统中，自动更新程序只会升级那些由微软公司官方所提供的组件。而第三方的应用程序却不会得到修补。而在Linux系统中，当你在自动更新系统的时候，它将同时升级系统中所有的软件。这样的设计，极大地提高了用户实时更新系统的积极性。

更加健壮的默认设置

Linux系统天生就被设计成一个多用户的操作系统。因此，即便是某个用户想要进行恶意破坏，底层系统文件依然会受到保护。假如，在非常不幸的情况下，有任何远程的恶意代码在系统中被执行了，它所带来的危害也将被局限在一个小小的局部之中。

与之形成鲜明对照的是微软的Windows XP系统。在这里，用户会默认以系统管理员的身份登录，而在系统中所发生的任何损害，都会迅速蔓延到整个系统之中。微软最新的Windows Vista系统让用户在默认设置下以受限用户的身份登录，因此它要比自己的前任更加安全一点。

模块化设计

Linux系统采用的是模块化设计。这表示，如果不需要的话，你可以将任何一个系统组件删除掉。由此而带来的一个好处是，如果用户感觉Linux系统的某个部分不太安全，他就可以移除掉这个组件。

更棒的"零日攻击(0-day attacks)"防御工具

零日攻击(0-day attacks，指的是在软件生产厂商发布针对漏洞的更新补丁之前，就抢先利用该漏洞发动网络攻击的攻击方式)正在变得日益猖獗。此外，一项调查研究也显示：对于攻击者来说，他们只需要6天时间就能够开发出针对漏洞的恶意攻击代码，而软件生产厂商们却需要花费长得多的时间才能够推出相应的更新补丁。因此，一套睿智的安全策略在防御零日攻击方面至关重要。

目前主流的Linux发行版本，在系统中都默认整合了Apparmor或者SELinux，它们可以针对各种类型的远程遥控代码攻击，为系统提供细致而周全的保护。

强力的防毒软件

防毒软件，是用于消除电脑病毒、特洛伊木马或者恶意软件等计算机威胁的一类软件。它通常会集成监控识别、病毒扫描清除、自动升级病毒库和主动防御等功能，是计算机防御系统的重要组成部分。

防毒软件是可以对病毒、木马等一切已知的对计算机主机有危害的程序代码进行清除的程序工具，主要任务是实时监控和扫描磁盘。

不同的防毒软件在实时监控上有所差异，比如有的杀毒软件在内存里划分一部分空间，将计算机中流过内存的数据与杀毒软件自身所带的病毒库(包含病毒定义)的特征码相比较，以判断是否为病毒。有的杀毒软件则在所划分到的内存空间里，虚拟执行系统或用户提交的程序，根据其行为或结果作出判断。

而扫描磁盘的方式，则和上面提到的实时监控的第一种工作方式类似，只是扫描磁盘时，杀毒软件会将磁盘上所有的文件(或者用户自定义的扫描范围内的文件)做一次检查。

目前大数据平台在服务器上都配备了第三方的专业的防毒软件，能对各种病毒木马威胁有针对性地进行防御，从而有效地保障主机系统的安全。

10.2.3　大数据的网络安全

安全的防火墙

防火墙，是一种位于内部网络与外部网络之间的网络安全系统。一项信息安全的防护系统，依照特定的规则，允许或是限制传输的数据通过。

防火墙实际上是一种隔离技术，是两个网络通信时执行的一种访问控制尺度，它能允许合法的用户和数据进入内部网络，也能够阻止掉非法的用户和数据，从而最大限度地组织网络中的黑客来访问你的网络。

大数据平台因为存在着需要访问海量数据的应用场景，对网络速度要求很高，所以采用的防火墙也必须具备极强的网络吞吐能力，同时，由于大数据本身的价值量参差不齐，也需要防火墙能够根据数据价值的不同，采取不同级别的更为细致的防护能力。

安全通道

对于网络间各服务组件的通信加密，目前大数据平台普遍采用的是SSL链路加密机制。

SSL全称安全套接层协议(Secure Sockets Layer)，是一种互联网信息加密传输协议，置身于网络结构体系的传输层和应用层之间，其目的是为网络节点之间搭建一条加密通道，建立SSL连接保证数据在传输过程中不被窃取或篡改，确保机密信息的保密性、完整性和可信性，SSL协议目前已成为国际标准。

SSL的优势主要包括：

➢ 认证用户和服务器，确保数据发送到正确的客户机和服务器；

➢ 加密数据以防止数据中途被窃取；

➢ 维护数据的完整性，确保数据在传输过程中不被改变。

目前大数据平台对于内部各服务组件的网络交互中，都可以通过配置的SSL协议对网络链路进行加密，以保证链路之间传递的消息不会被明文获取，从而保证网络数据的安全。

KERBEROS认证

KERBEROS是为TCP/IP网络系统设计的可信的第三方网络认证协议，其设计目标是通过密钥系统为客户端和服务器之间提供强大的认证服务。它提供了一种单点登录的方法。比如我们一般会在一个网络中有着不同的服务主机，这些服务器都有认证的需求。很自然地，不可能让每个服务器自己实现一套认证系统，而是提供一个中心认证服务器(KDC)供这些服务器使用。而且，该认证系统的实现是不依赖于主机操作系统的认证的，无须基于主机地址的信任，也不要求网络上所有主机的物理安全，甚至假定网络上传递的数据包可能被任意地读取、修改和插入数据。

基础系统中至少有三个角色：认证服务器，客户端和普通服务器。客户端和服务器将在认证服务器的帮助下完成相互认证。其认证过程具体如下：客户端向认证服务器发送请求，要求得到某服务器的证书，然后认证服务器的响应包含这些用客户端密钥加密的证书。

证书的构成为：

➢ 服务器 "Ticket"；

➢ 一个临时加密密钥(又称为会话密钥 "session key")。

客户端将Ticket(包括用服务器密钥加密的客户机身份和一份会话密钥的拷贝)传送到服务器上。会话密钥可以用来认证客户机或认证服务器，也可用来为通信双方以后的通信提供加密服务，或通过交换独立子会话密钥为通信双方提供进一步的通信加密服务。

通过引入Kerberos认证系统，可以使整个大数据平台的网络安全进一步地得到提升，并防止非法用户的恶意侵入，保证网络内部服务器节点都是可信任的，同时对这些节点的访问者也是合法可信的，从而最终达到整个环境每个环节的可管可控。

10.2.4 大数据的应用安全

身份认证

目前用户访问大数据平台的方式主要是使用浏览器方式或者RPC接入以及登录集群节点使用Shell命令等方式来操作集群，只有通过认证的用户才能访问集群和操作集群。

(1) 大数据平台提供了对集群节点操作、维护功能的Web操作界面，用户在访问此操作界面之前，会有登录认证过程，能很好地避免未授权用户的非法访问。

(2) 目前Hadoop采用基于Kerberos和令牌的身份认证机制，能很好地起到对用户的身份进行认证的作用。用户在使用这些服务组件之前，必须先进行用户认证，认证通过后才能使用对应的服务。

(3) 同时我们的大数据平台各服务组件之间具备白名单验证功能，即大数据平台中的服务组件内外部的任何网络连接都需要进行验证和判断，如果其IP不在合法的范围内，则断开连接，从而保证大数据平台的内外部的访问的安全性。

(4) 平台应用组件支持命令行操作，当用户登录到应用组件的节点上使用应用组件的命令之前，需要先进行用户认证，认证通过后，才能使用应用组件提供的命令。

访问控制

(1) 访问控制矩阵

Hadoop的各个服务组件，包括HDFS/HBASE/YARN等，对于用户的访问控制，都是基于操作系统用户实现的一个和POSIX系统类似的文件和目录的权限模型。文件、目录乃至资源等对其所有者、同组的其他用户以及所有其他用户分别有着不同的权限。

对HDFS文件系统而言，当读取这个文件时需要有r权限，当写入或者追加到文件时需要有w权限。对目录而言，当列出目录内容时需要具有r权限，当新建或删除子文件或子目录时需要有w权限。

而对于Yarn来说，其访问控制以队列作为用户组织单元，建立了队列和操作系统用户及用户组之间的映射关系。因此基于队列的用户权限控制，可以设置哪些用户(组)可以具有提交或者管理job的权限，并且管理员可以动态修改队列的各种配置参数，实现在线集群管理。

(2) 分权分域

在用户访问控制的基础上，进一步采用先进的分权分域管理机制。

这里的分权是指针对操作权限的控制，即指用户可以具体执行哪些操作；分域则是指针对访问范围的控制，即指用户可以访问的区域包括哪些资源。

分权分域可以根据需要将不同的操作权限和管理范围等作为资源统一调度，根据预先设定好的安全策略分配给有不同需求的用户，并且要遵循最小授权原则，以便有效地防止敏感信息泄露。

(3) 应用隔离

由于大数据平台往往需要支撑多个应用项目系统，在安全生产上需要对各级资源预先规划，来满足跨部门跨应用对大数据平台的数据访问请求，包括应用权限、应用目录、应用程序部署(见图10-3)。

比如在中信银行的项目中，每个应用项目都创建用户及用户组，同时在文件系统中规划并分配一个应用目录，需要对目录进行权限配置。这样应用程序以自己的用户身份提交任务访问分布式文件系统，不同的文件目录对不同用户有不同的读写权限，通过这种方式进行数据的隔离和共享。各个应用在自身所属的目录下设置子目录，以及数据计算所需的输入和输出的目录名称等。

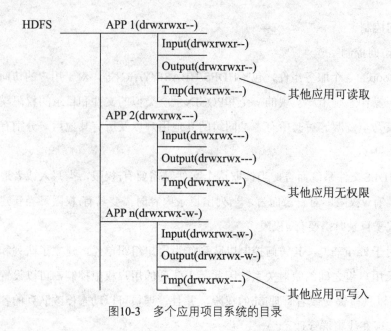

图10-3　多个应用项目系统的目录

误操作恢复

我们经常会听说，某人因为一次不小心的操作，或者一次不经意的错误点击，而导致重要数据被删除无法找回，悔恨不已。客观地说，只要有人为操作的地方，就会存在误删除的问题，而大数据平台由于数据规模很大，一旦发生了不应该发生的删除，会导致很大的损失，所以相比其他系统平台，需要对误删除问题更加予以重视，确保当误删除问题出现的时候，能尽可能地对数据加以恢复。

目前大数据平台主要采用回收站或者快照等方式来防止误删除的发生。

回收站

和Linux系统的回收站设计一样，大数据平台的分布式文件系统HDFS会为每一个用户创建一个回收站目录：/user/用户名/.Trash/，每一个被用户通过命令行删除的文件/目录，会被保存在系统回收站中，如果系统回收站中的文件/目录在一段时间之后没有被用户恢复的话，系统就会自动地把这个文件/目录彻底删除。这样一来，即使用户不小心删除了重要的数据，也可以立刻在回收站里面找回这些数据，并通过指令进行数据的恢复。

快照

HDFS和HBase等大数据服务组件都提供了快照Snapshot功能。

Snapshot提供一种方式把当前系统状态持久化到文件系统中，这样一来，如果系统升级后出现了数据丢失或者损坏，便有机会进行恢复操作，将数据恢复到系统快照的那个时间点。

Snapshot创建文件的"逻辑"副本，也就是当前目录树的链接的副本，因此，快照创建的速度很快，资源开销也较小，适合用于作为常规备份手段，以防止由于误删除引起的数据丢失。

所以，只要能够为重要数据定时地进行备份，一旦发生了误删除，就可以找到误删除发生前最近的那次快照，通过此快照把数据找回，这样就可以有效地防止误删除带来的损失。

数据加密

数据加密，是为提高系统和数据的安全性和保密性，防止内部数据被外部非法获取而采用的一种主要的技术手段。

数据加密的基本过程就是对原来是明文的文件或者数据按照某种算法进行处理，使其成为不可读的一段代码，通常称为"密文"。只有在对这段密文根据相应的密钥进行解密之后，才能看到这段密文的本来数据面貌。

数据加密，可以防止在存储环节上的数据窃取，保护数据不被非法访问。目前数据存储加密技术一般分为密文存储和存取控制两种。前者一般是通过加密算法转换、附加密码、加密模块等方法实现；后者则是对用户资格、权限加以审查和限制，防止非法用户存取数据或合法用户越权存取数据。

目前大数据平台对于数据加密采用的是透明的服务端加密方法，即通过在服务端对数据进行加密，且这个加密对外是透明不可见的。用户在使用的时候，可以正常地输入明文数据，这个数据经过服务端的算法加密后就以密文的方式保存下来，当用户需要再次读取的时候，服务端再进行相应的解密，并把解密后的明文数据返回给用户。整个过程用户不需要关心加密的算法和形式，同时数据在存储的过程中也是安全可靠的，这样既保证了对外服务的可操作性，又提供了足够安全的数据存储保证。

日志审计

日志审计通过集中采集系统中的各种日志，包括系统安全事件、用户访问记录、系统运行日志、系统运行状态等，经过规范化、过滤、归并和告警分析等处理后，以统一格式的日志形式进行集中存储和管理，结合丰富的日志统计汇总及关联分析功能，实现对整个系统日志的全面审计。

大数据平台的安全审计系统主要用于监视并记录对Hadoop系统的各类操作行为，实时地、智能地分析和统计，并将结果记入审计数据库中以便日后进行查询、分析、过滤，实现对Hadoop系统的用户操作的监控和审计。一方面，它可以让管理员监控和审计用户对Hadoop系统中的每个服务组件的操作和访问，及时地发现系统异常事件，还可以根据设置的规则，智能地判断出违规操作的行为，并对违规行为进行记录、报警，有效地弥补现有Hadoop系统在安全使用上的不足，为整个系统的安全运行提供了有力保障。

另一方面，通过事后分析和丰富的报表系统，管理员可以方便高效地进行有针对性的安全审计。尤其在遇到特殊安全事件和系统故障的时候，日志审计可以帮助管理员进行故障快速定位，并提供客观依据进行追查和恢复。

目前Hadoop各组件在进行各种操作或者处理的时候，都会记录非常详细的日志，所以通过对这些日志进行审计，就可以完成对整个系统的安全审计工作。

容灾备份

容灾备份系统是指在相隔较远的异地，建立两套或多套功能相同的系统，互相之间可以进行健康状态监视和功能切换，当一处系统因意外(如火灾、地震等)停止工作时，整个应用系统可以切换到另一处，使得该系统功能可以继续正常工作。容灾技术是系统的高可用性技术的一个组成部分，容灾系统更加强调处理外界环境对系统的影响，特别是灾难性事件对整个节点的影响，提供节点级别的系统恢复功能。

根据容灾备份对系统的保护程度来分，可以将容灾系统分为数据容灾和应用容灾。

所谓数据容灾，就是指建立一个异地的数据系统，该系统是本地关键应用数据的一个可用复制。在本地数据及整个应用系统出现灾难时，系统至少在异地保存一份可用的关键业务的数据。该数据可以是与本地生产数据的完全实时复制，也可以比本地数据略微落后，但一定是可用的。采用的主要技术是数据备份和数据复制技术。

数据容灾，又称为异地数据复制技术，按照其实现的技术方式来说，主要可以分为同步传输方式和异步传输方式(各厂商在技术用语上可能有所不同)，另外，也有如"半同步"这样的方式。半同步传输方式基本与同步传输方式相同，只是在Read占I/O比重比较大时，相对同步传输方式，可以略微提高I/O的速度。而根据容灾的距离，数据容灾又可以分成远程数据容灾和近程数据容灾方式。

目前大数据平台采用的分布式文件系统，可以对存储的文件通过多副本进行备份，能有效地完成数据的备份保护。同时，通过定时的异地备份、应用双写和数据库直接复制等方式进行数据的异地容灾备份，并定期对数据进行检查，以便在遇到灾难时能够对整个系统进行完全恢复。

应用容灾，是在数据容灾的基础上，在异地建立一套完整的与本地生产系统相当的备份应用系统(可以是互为备份)。建立这样一个系统是相对比较复杂的，不仅需要一份可用的数据复制，还要有包括网络、主机、应用，甚至IP等资源，以及各资源之间的良好协调。主要的技术包括负载均衡、集群技术。数据容灾是应用容灾的技术，应用容灾是数据容灾的目标。

在选择容灾系统的构造时，还要建立多层次的广域网络故障切换机制。本地的高可用系统指在多个服务器运行一个或多个应用的情况下，应确保任意服务器出现任何故障时，其运行的应用不能中断，应用程序和系统应能迅速切换到其他服务器上运行，即本地系统集群和热备份。

在远程的容灾系统中，要实现完整的应用容灾，既要包含本地系统的安全机制、远程的数据复制机制，还应具有广域网范围的远程故障切换能力和故障诊断能力。也就是说，一旦故障发生，系统要有强大的故障诊断和切换策略制订机制，确保快速的反应和迅速的业务接管。实际上，广域网范围的高可用能力与本地系统的高可用能力应形成一个整体，实现多级的故障切换和恢复机制，确保系统在各个范围的可靠和安全。

目前大数据平台对整个集群的服务，可以采用主备双机保护，来应对可能的异常中断，做到尽可能的无缝切换，保证对外提供的服务不中断。

安全监控中心

大数据平台有着各种各样的服务组件，这些服务组件又因为其对外提供的功能的不同而存在着显著的差异性，如果要针对每个服务组件单独地进行监控和观察，不仅从外在来看不够统一，还可能导致端口冲突、接口复杂和影响性能等多个问题。

所以需要有一个统一的安全监控中心，对这些服务组件进行统一的、实时的监控，以便管理维护人员可以对各种大数据平台的服务的运行情况进行监控和观察，智能地判断出违规操作的行为，并对违规行为进行记录、报警，以更好地提高大数据平台的安全性，为整个系统的安全运行提供强有力的保障。

10.2.5　大数据领域安全解决方案

通过上面对每个安全系统的描述，可以看出在大数据时代，在物理安全和主机安全方面的要求和标准，有相当一部分是共通的。所以我们在构建大数据领域的安全体系的时候，可以适当地把这部分的优先级降低，通过购买专业的安全设备或者复用已有的安全建设标准即可满足要求。同时，应该将主要精力投入到网络和应用安全之上。

网络安全和应用安全的关系图如图10-4所示。

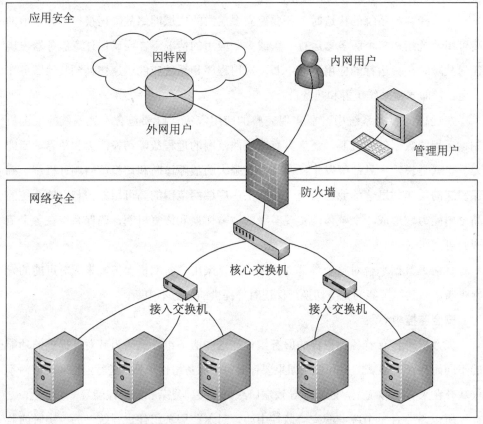

图10-4　网络安全和应用安全的关系图

从图10-4中可以看出，防火墙作为内部网络和外部网络环境的分界点，同时也是网络安全和应用安全的关键，在整个网络安全中处于非常核心的地位。在实际网络部署的时候，需要有针对性地选用高稳定性和可靠性的防火墙，并对来自各种用户的访问指定有效的保护和过滤规则。通过防火墙，可以基本杜绝外部的网络攻击，屏蔽大量的异常和冗余访问，减轻内部数据环境的压力，从而提升整个系统的安全性。

此外，从图中还可以看出，各服务器和交换机的网络连接非常多，可见大数据平台对于网络的依赖性非常大，海量数据需要在网络间传输，所以需要重视对各服务节点的网络验证，防止非法用户利用未授权的网络接入来获取重要的数据。目前大数据平台创造性地提出了网络白名单功能，可以对所有集群内的服务节点和对这些节点的应用层面的访问接入进行认证和限制，这样就可以保证防火墙内外的服务器都必须满足合法性检查才能接入，有效地保证各网络节点的安全，从而更好地提供对大数据集群环境的稳定访问。

同时，由于在大数据平台上会存在各种业务应用同时运行的情况，比如关系图中的内部用户，管理用户或者来自外部因特网的数据访问。由于这些用户的访问可能有着不同的目的，其行为会产生不同的后果，所以一方面需要对这些用户的访问通过鉴权认证和权限控制来保证其访问的合法性，还需要加强对这些应用用户的行为之间的隔离，以防止各应用之间的相互干扰，并通过数据加密、日志审计等方式对数据安全进行加固，以及对用户的行为进行跟踪和回溯。

最后，也是最重要的，就是要形成定期的备份的机制，并建立一整套远程容灾建设方案。目前世界上大多数的数据中心，都是对外提供7×24小时不间断的服务，所以使用高度可用的自动化技术和统一的灾难恢复测试，企业才可以放心地处理可能出现的任何问题。

但是讽刺的是，虽然大家一提到容灾备份都会说这是很值得关注的问题，但是根据调查显示，大多数公司并没有对自己的系统做好充足的容灾准备，甚至有的公司明明遭受过数据损失，仍然没有部署现代化的容灾恢复解决方案。说到底，还是对突发事件或灾难的重视程度不够，同时总是存在侥幸心理。所以，必须认识到容灾备份作为数据安全建设的最后一道防线的重要性和迫切性，只有这样，才能在安全系统被某个突发情况改变的时候，更快地恢复数据和功能，从而对外提供一个真正安全稳定运行的大数据平台。

目前，上面提到的这一整套大数据平台安全解决方案，已经在平台中有序地部署起来，从目前多个项目的上线运行情况来看，安全方案能够很好地提供整个平台的安全保障，组成保卫大数据的牢固防线。当然，任何时候也不能忽视每个人在安全中的重要程度，对于参与到系统管理维护中的人员，需要加强安全规章方面的宣传，从而建立立体化的安全环境，全面维系好系统的安全生产。

10.3　要点回顾

本章主要介绍了大数据安全体系，包含大数据的系统安全和大数据上层应用的安全。首先从一般的安全体系开始说起，主要包括物理安全、主机安全、网络安全和应用安全等方面，让大家对安全体系的概念有系统的了解。然后，针对大数据系统所特有的体量巨大、类型繁杂、处理快速等特性进一步介绍了大数据的系统安全解决方案。最后，从大数据上层应用的层面介绍如何从身份认证、访问控制、数据加密、数据安全、容灾备份和安全监控等方面保障大数据安全。

第 11 章

大数据管理

11.1　数据管理的范围和定义

传统意义上数据管理是利用计算机硬件和软件技术对数据进行有效的收集、存储、处理和应用的过程，其目的在于充分有效地发挥数据的作用。对关系型数据库而言，因为处理数据的规模较小、结构化单一，数据库本身已经具备其基本的管理能力。

从传统的数据管理演进到大数据时代的数据管理，看似只是一个简单的技术演进，但细考究不难发现两者有着本质上的差别。大数据时代，一个管理性平台框架不但要包括传统意义的数据管理功能，还需要包含诸多复杂的开源组件，尤其是开源大数据组件(见前面章节的描述)的集成，因此在大数据时代，集群自动化安装部署、中心化管理、集群监控、集群告警、集群安全等也提到日程上来。

大数据的出现必将颠覆传统的数据管理方式：大数据时代不仅要提供系统化的基础环境管理能力，而且在自动化运维、可视化管理方面也是一个大的挑战。从运维的角度来说，传统的数据管理运维工作通常面对几十或者上百台的服务器，规模不会太大，而且因为应用相对简单，所以每台服务器都是一个独立的节点，很少需要关注不同节点之间的资源调度等问题。而在大数据时代基于分布式部署的大规模集群中，数据管理运维则完全不同：首先是规模上要面对成百上千的节点，量上有了极大的提升；其次在分布式部署中基础资源(存储、CPU、内存、网络等)的调度、调优、监控都将是重中之重，而这些都需要非常完善的可视化管理；最后，大数据的数据管理还要考虑数据的导入、查询、分析、导出、存储、计算等数据仓库相关的技术支持。

根据大数据平台以及基于该平台的大数据产品(即被管理对象)的情况，我们将管理功能也分为几类(见图11-1)，分别为公共管理组件、基础设施管理组件、大数据集群管理组件和版本管理组件。

> 公共管理组件：包含安全，日志，license管理，拓扑，告警，性能和管理系统自身的安装升级是必选功能组件。

> 基础设施管理组件：主要进行IT设备管理，并利用公共管理组件的告警、性

能、拓扑进行展示。

➢ 大数据集群管理组件：主要负责大数据组件的分发，服务调度和集群监控。

➢ 版本管理组件：主要负责业务版本的分发，升级，进程调度，备份恢复。

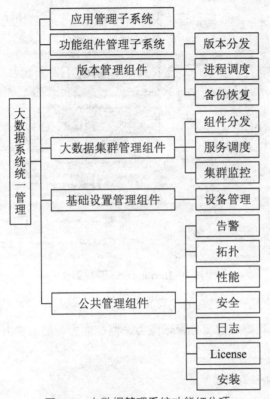

图11-1　大数据管理系统功能细分项

目前业界，无论是开源社区提供的版本能力，还是各厂商自研的管理系统，基本上都是围绕以上功能范围进行拓展。

11.2　开源软件的管理能力

11.2.1　Hortonworks的管理架构

Hortonworks直接使用Ambari开源管理工具。Ambari是一款100%开源的，基于

Web的Hadoop分布式集群配置管理工具,它简化了Hadoop集群的安装、初始化、配置。支持Apache Hadoop集群的部署、管理和监控,其系统架构图如图11-2所示。

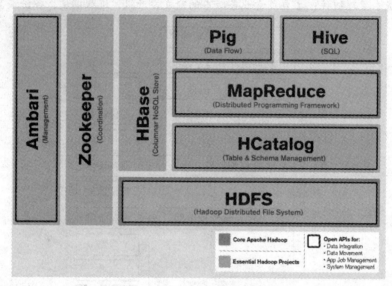

图11-2　Hortonworks 系统架构图

Ambari充分利用一些已有的优秀开源软件,巧妙地把它们结合起来,使其在分布式环境中做到了集群式的服务管理能力、监控能力、展示能力,主要的管理有以下特点:

> 安装向导简化了集群部署;

> 为部署后的集群预先配置好了关键运维指标,所以可以直接查看Hadoop Core(HDFS和MapReduce)及相关组件(如HBase、Hive和HCatalog)的健康状态;

> 支持作业与任务执行的可视化与分析;

> 通过一个完整的REST ful API把监控信息暴露出来,集成了现有的运维工具;

> 用户界面非常直观,用户可以轻松有效地监控集群,如图11-3所示;

> Ambari使用Ganglia收集度量指标,用Nagios支持系统报警,当需要引起管理员的关注时(比如,节点停机或磁盘剩余空间不足等问题),系统将会自动向其发送邮件。

此外,Ambari可以安装基于Kerberos的Hadoop集群,以此实现对Hadoop 安全的支持,提供了基于角色的用户认证、授权和审计功能,并为用户管理集成了LDAP和Active 。

Ambari的基本运行界面如图11-3所示。

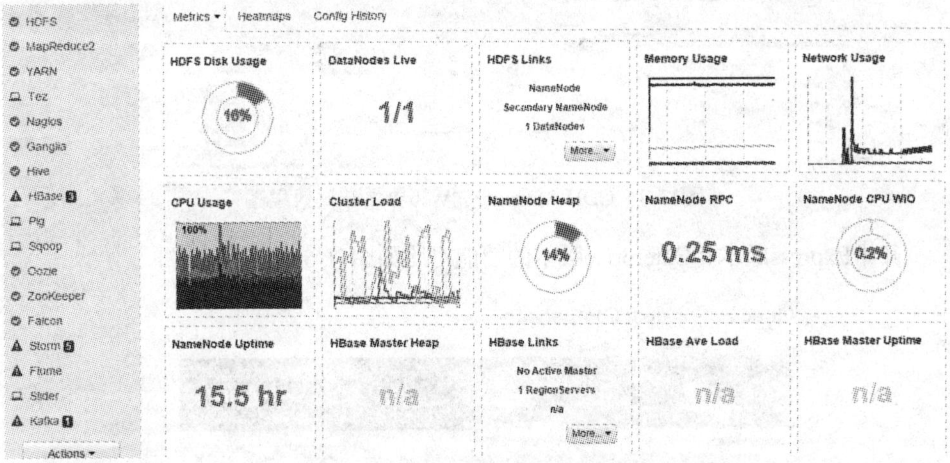

图11-3　Ambari的用户界面效果图

11.2.2　Cloudera的管理架构

Hadoop是一个开源项目，所以很多公司在这个基础上进行商业化，在Hadoop生态系统中，规模最大、知名度最高的公司是Cloudera，它对Hadoop做了相应的改变。我们将Cloudera公司的发行版称为CDH。

Cloudera Manager用于管理CDH4集群，可进行分布式集群各个节点的安装、服务配置、状态查看、节点主备件的切换、角色迁移等。与Hortonwork一样，其也提供了web界面，提高了Hadoop配置可视化能力，减少了集群参数设置的复杂度。

CDH的Manager分为Express版本和Enterprise版本，主要有以下四类能力。

➤ 基本管理功能：快速部署、配置，集中数据的处理；数据节点的切换、状态查询等。

➤ 监控和操作维护功能：集中监控集群的心跳、状态、性能指标，以及告警的上报，如图11-4所示的界面基本包含了心跳、状态、告警、性能四大块。

➤ 常规诊断能力：基本的状态异常查看，报表输出。

➤ 集成能力：作为企业级管理工具，具备SNMP、SMTP等北向接入能力，并提供了相关的二次开发API。

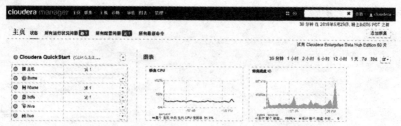

图11-4　CDH-Manager的Web界面布局效果图

其中Express版本和Enterprise版本的功能对比如图11-5所示。

Cloudera Product Comparison

	CLOUDERA EXPRESS	CLOUDERA ENTERPRISE		
		Basic Edition	Flex Edition	Data Hub Edition
Licensing Term	Unlimited/Free	Annual Subscription		
100% Open Source Data Platform, powered by Apache Hadoop (CDH)				
Hadoop, Flume, HBase, HCatalog, Hive, Hue, Impala, Kafka, Mahout, Oozie, Pig, Cloudera Search, Sentry, Spark, Sqoop, Whirr, ZooKeeper	✔	✔	✔	✔
System Management (Cloudera Manager)				
Deployment and Configuration	✔	✔	✔	✔
Service Management	✔	✔	✔	✔
Service and Host Monitoring	✔	✔	✔	✔
Security Management	✔	✔	✔	✔
Diagnostics (Log Search, Events, and more)	✔	✔	✔	✔
Extensibility and APIs	✔	✔	✔	✔
Rolling Updates/Restarts		✔	✔	✔
AD Kerberos Integration		✔	✔	✔
SNMP Support		✔	✔	✔
LDAP Integration		✔	✔	✔
Configuration History and Rollbacks		✔	✔	✔
Operational Reports		✔	✔	✔
Scheduled Diagnostics		✔	✔	✔
Backup & Disaster Recovery		✔	✔	✔

图11-5　CDH-Manager的Express版本和Enterprise版本的功能差异

从图11-5可以看出，Express版本主要满足基本部署，对运维能力额提升、多节点的管理实际上还是缺失的。而Enterprise版本功能相对完善，但因费用门槛问题，使用者很难具备高级特性开发能力和长期维护支持能力。

较之于Hortonworks的Ambari，由于CDH Manager单独提供管理组件，因此对多节点的集中安装部署、监控告警这些非常核心的管理功能，是具备优势的。

11.2.3　优点和不足之处

总体来说，Hortonworks和Cloudera依托厂商对开源组件的深入理解，提供的各种工具的使用和操作都比较流畅、深入。对于大数据集群状态监控，能从多个维度详细地进行展示，按不同的时间粒度进行趋势分析，节点的异常也能做各个维度的剖析展示，可视化报表也做的比较完善。

开源资本的不足之处包括管理工具分散，没有统一的安装部署，配置功能分散于各个纬度的监控中，不能监控多集群等。如Cloudera Manager对开源组件的安装一次只能安装一个服务而且组件的安装过程步骤相当烦琐，对于当前一个需要支持15个以上大数据组件的普通大数据管理系统来说，安装服务至少要选择15次安装操作；同时Cloudera Manager只能支持当前有限的开源组件的管理和监控，对于各厂家自研的组件的管理和监控还需要进行二次开发的配合和支持，最后还有这些软件的使用技术成本与版本费用等问题。

因此，对于一个要达到商用能力的大数据产品，如果没有自主研发管理系统，尤其是节点数井喷情况下不能实现智能化的管理维护(后面章节会提到)，将很难具备广泛的可用性。下面简单介绍中兴通讯大数据管理平台对管理能力的自研情况。

11.3　ZTE中兴大数据管理框架

1. DAP大数据平台

中兴通讯DAP大数据平台基于Hadoop分布式技术，采用功能可裁剪的组件化设计，结合中兴通讯在大数据项目实践过程中总结出的丰富经验，整合了海量数据的采集、存储、管理、分析、查询、展现功能，并以平台为基础提供贴合各类行业应用的全面解决方案，帮助各类行业客户挖掘、实现大数据价值，同时提供持续的、贴心的咨询服务和定制开发，保障企业长期发展。平台部分包括底层采集、数据存储、数据挖掘、安全中心、统一管理、移动应用等；在DAP平台之上则可以实现丰富多彩的应用以满足各种用户需求。

2. DAP-Manager

DAP-Manager提供统一管理方案，管理层次涵盖软硬件基础设施、各类数据、大数据集群、各类功能组件以及各业务系统。管理功能包括安装、升级、监控、日志、License等，通过统一管理可以有效提高运维管理效率，确保系统的快速上线、运维(见图11-6)。平台统一管理方案在第四届大数据世界论坛中荣获"最佳数据管理方案奖"。

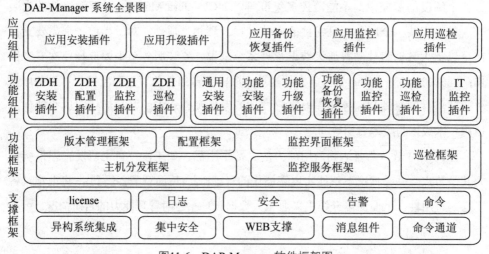

图11-6　DAP-Manager 软件框架图

从DAP-Manager软件框架图可以看出，除了基础的管理和维护能力，DAP-Manger主要有以下新增特点：

> 通过标准化的接口支持对第三方大数据平台产品(异构系统的集成)的接入管理能力；

> 插件化研发模式，支持用户按需部署自己需要的模块；

> 巡检框架的引入，排障、维护的自动化、智能化；

> 除大数据组件外的，还支持对IT设备的管理能力；

➤ 支持标准的北向SNMP、FTP接口。

从DAP-Manager的功能介绍(见图11-7)可以看到，ZTE自研开发的大数据管理系统具备目前大数据运维所需要的全面管理功能：包括自动化安装部署、安全管理、全方位的监控、告警、日志管理、多纬度巡检，以及专业的在线帮助。

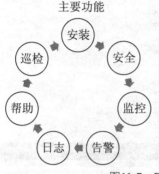

主要功能

安装：Manager及大数据组件的安装、卸载、扩容、升级、备份
安全：管理用户权限、应用用户权限
监控：集群、机架、服务、主机、角色实例、作业等多维度的监测与控制
告警：整个系统的各个维度告警查看
日志：DAP大数据平台的所有日志信息
帮助：提供帮助信息以及版本信息
巡检：整个系统多维度的巡检

图11-7　DAP-Manager的主要功能

DAP-Manager的安装主机

DAP-Manager采用了Server+Agent的模式，其中主机安装也就是Manager的Agent部分安装，这些主机可以归属在同一个集群上，也可以归属在不同的集群上，可以在菜单"安装"—"安装主机"页面添加相应的主机，主机可以一个个搜索添加，也可以根据IP号段批量添加。其中主机检索的过程还提供了安装条件检查功能，为后续的节点选择提供了有力的保障。

DAP-Manager的服务安装

DAP-Manager的服务安装也就是大数据组件的安装，可以对任意集群批量安装所有服务、所有的节点，极大地简化了运维成本。另外考虑节点可能会发生异常，其还支持节点恢复后的服务通过"纳入受控"的方式再次进入DAP-Manager的监控管理中，如图11-8所示。

DAP-Manager的监控与告警

DAP-Manager是从多个维度来提供监控的，包括集群、主机、服务、组件，无论是从哪个方面监控，都有相应的告警信息反馈，这些告警信息可以直接钻取到告警功能查看详情，还可以进一步查看解决方案。

主页是集群监控，通过界面就可以直观地了解到集群的监控状态，单击告警信息可以看到告警详情(见图11-9、图11-10)。

图11-8　DAP-Manager 的主机安装示意图

图11-9　DAP-Manager的服务安装示意图

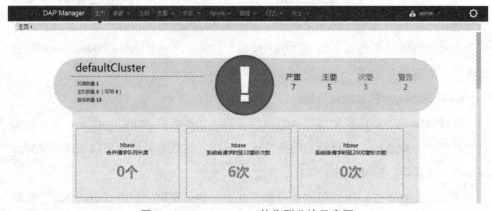

图11-10　DAP-Manager的集群监控示意图

可以从集群监控钻取到服务监控，也可以直接从导航的"集群"—"服务"去查看，查看具体的服务详情时，在此页面包含了性能指标的监控，也包括了告警信息的监控，统一的界面布局设计模式即单击右上角的告警信息查看告警详情。

可以从集群监控到钻取到主机监控，也可以直接从导航的"主机"直接进去查看，查看具体的主机详情时，此页面包含了性能指标的监控，也包括了告警信息的监控，统一的界面布局设计模式即单击右上角的告警信息可以看到告警详情(见图11-11)。

图11-11　DAP-Manager的服务监控示意图

从图11-12可以看出DAP-Manager的主机监控的内容非常丰富，包括了基本的操作系统、IP、版本等信息，还包括进程信息、角色实例信息、CPU的使用率、CPU的负责、网络使用率、文件系统、磁盘使用率、磁盘状态等能反映主机监控状态的信息。一旦这些监控的性能指标超过了阈值，就会触发告警，告警信息则体现在右上角。

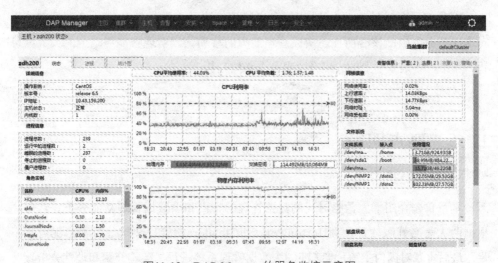

图11-12　DAP-Manager的服务监控示意图

告警功能在DAP-Manager的任意监控纬度都可以跳转到告警详情，也可以通过导航的"告警"功能进行更加全面的告警查看。图11-13就是通过图11-12的主机监控的告警钻取的结果。从图11-13我们可以发现针对任意一条告警都是可以进一步查看其解决方案的。

图11-13　DAP-Manager的告警监控示意图

11.4　大数据管理展望

大数据时代，海量数据的引入，对应的也是被管理节点海量增加，而传统意义上的单节点维护管理，势必不能满足用户的需求。仅仅依靠开源组件的节点基础管维能力是难以适应趋势的。如何实现对大量节点批量的集中安装、快速部署、集中监控、巡检、自动排障，必将是衡量Manager能力的一个重要标准。

而我们现在时处工业4.0时代的风口浪尖，除了大数据，移动计算也是IT技术对这次革命突破的核心所在，实践管理能力的移动化，实现智能终端上的大数据可管、可维，将是效率上的大提升，也是个必然趋势。

11.5　要点回顾

本章首先介绍了大数据时代的数据管理的特点和大数据管理功能分类。然后，根据两大著名开源软件厂商Hortonworks和Cloudera的管理架构分析了其优点和不足。最后本章对国内主流厂商ZTE的大数据管理系统进行了架构介绍和理性分析，并对大数据时代的数据管理进行了展望。

第三部分

大数据架构师实践

A GUIDE FOR
BIG DATA ARCHITECTS

学习完大数据基础课程后，小明的团队跃跃欲试，每个人都希望自己能独立承接一票大单。小明冷静地看着热情洋溢的团队成员，他知道这个团队还欠缺一项重要的技能，那就是从实践中所总结的知识与智慧。

　　于是，小明从中兴通讯请来了几位大型项目的项目经理，为团队开设了一堂大数据实践课程。

第 12 章

大数据项目实践

大数据正在蓬勃发展，从概念化走向实际项目落地。大数据的项目有其独有特性，项目的设计、实施、安全上线、稳定运行是个复杂的过程，涉及众多因素，如图12-1所示，作为架构师要考虑这些问题。

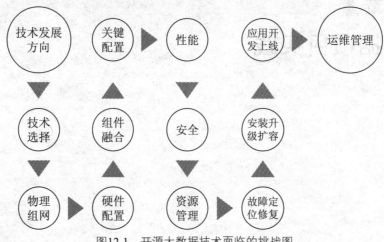

图12-1 开源大数据技术面临的挑战图

本章节介绍的内容包括从传统BI产品的演进到大数据面临的问题，并结合实际项目经验讲述了架构一个大数据系统需要思考的关键要素以及大数据在开源、自研和合作方面的关系。

一般来说，传统的BI产品，其数据采集清理转换通过ETL工具支持，其数据存储层则是标准关系型数据库，数据分析层则根据实际的维度分析需要建立数据仓库单独建模，数据分析层可以是传统的关系型数据库，也可以是现在基于MPP架构的列式压缩数据库等。在向大数据演进过程中，其增加了类似Hadoop的MapReduce的并行处理能力，加入了更多的NOSQL数据库的支持，以解决数据规模和实时数据查询的问题。

在选择大数据组件上面临很多问题与困惑，比如，对于基于Hive架构的数据分析工具，其基本有一套完善的数据采集、数据存储、数据处理和数据分析的框架。如数据采集引入了Flume采集工具，加强对非结构化文件和流数据采集，对于数据存储可使用Mysql存储元数据，HBase存储实际业务数据，基于MapReduce实现并行处理，同时增加了HQL语言，实现常用的数据分析查询，这基本上是一套完整的流程。再如实时流处理引擎，包括Storm或Spark Streaming等，又可以看到基本且独立的一套系统，也有对应的流数据采集和适配，有类似于MapReduce的并行处理能力和引擎，有自己的分布式集群拓展方式，完成对流数据的端到端管理，相对独成体系，整个流处理引擎很难和其他产品进行很好的融合。

通过对比很多企业的一些大数据解决方案和平台架构，我们发现一个问题，很多大数据项目更多的是各个已有的产品的简单整合，原来的各个子产品本身也是针对实际的业务应用场景逐渐演变出来的，能够实际地解决业务问题，但是这种整合最大的问题就是各个产品基本都覆盖了大数据从采集到分析的多个层次，导致能力重复，系统运维管理困难，安全生产运行存在风险。

因此，在构建大数据项目的架构时候可以考虑两个核心的架构维度。一个就是横向的分层架构，即包括数据采集和集成，数据存储，数据处理，数据分析；一个就是纵向的子产品类维度，包括传统的BI，Hive类数据分析产品，实时流处理等。实际上前面一种横向分层的架构维度，可以实现各层能力的充分共享问题，在采用这种方式的时候就需要对已有的各个子产品的各层能力完全分层剥离，然后再根据纵向业务需求和应用场景的需求进行整合，这本身是否可行也需要进一步论证。

在整个过程中我们可以首先考虑的就是数据采集和适配的剥离，并行处理框架和算法包能力的剥离，数据任务监控和调度的剥离，数据集成的剥离，共享数据能力层的构建；然后再来考虑进一步的能力组装和整合。否则，很可能我们拿出来的大数据仅仅是各个子产品功能的堆砌，相对而言，只是一盘散沙，无法整合。

12.1 大数据项目架构关键步骤

12.1.1 制定发展战略规划

对于扑面而来的大数据时代，如何应对大数据时代的挑战呢？还有不少的企业和架构师感到困惑和迷茫，比如我们的企业到底能积累什么样的数据，如何发挥这些数据的价值，面向未来的商业创新又需要增加或抓取哪些新的数据，这些数据到底能帮助企业做什么，企业的大数据战略到底是什么，等等。因此，企业要拥抱大数据，如果不了解大数据的特点，没有清晰的大数据战略，不仅无法驾驭大数据，而且会被大数据淹没。

在制定战略之前，先要做现状评估及调研，包括三个方面：一是行业调研，了解业界大数据有哪些最新的发展，业内顶尖企业的大数据应用水平如何，主要竞争对手的大数据应用水平如何；二是内部调研，管理层、业务部门、IT部门、最终用户等目前的痛点与需求，对大数据有何期望；三是自身状况摸底，了解自身技术、人员储备情况。

评估完成，需要根据调研情况，形成分析报告，找出差距，制定战略规划，大数据战略是整个大数据项目的灵魂和核心，它将成为组织大数据发展的指引。

12.1.2 明确业务需求及边界

企业构建以大数据技术为中心的业务，需要结合企业大数据发展战略规划，明确项目背景。

一般来说，大数据项目可以分为如下几种类型。第一种类型是技术试点型项目，主要是对技术的可行性进行验证，考察大数据项目上线的方案及技术可行性；第二种类型是基于某个大数据技术的独立业务项目，满足企业当前业务实际需求；第三种类型是基于未来发展的大数据架构，即大数据作为基础数据存储平台，运行多种计算框架，支持各类业务应用动态接入的平台化大数据项目。不同的项目类型，需要采用不同的解决方案。

在项目实施之前，需要基于业务需求、业务背景，明确项目范围的界定。没有明确项目边界的项目是不可控的项目，在项目实施过程中必将面临巨大的风险。大数据项目在技术和人员等方面所面临的问题，主要包括以下几个方面。

> ➢ 大数据基础平台的成熟度尚不完善：基于Hadoop技术的开源方案，尚存在较多的缺陷，需要逐步完善技术。

> ➢ 大数据辅助工具的缺失：数据定义、数据处理以及数据可视化管理工具等尚有欠缺。

> ➢ 大数据开发和管理人员技术能力的不成熟：熟悉大数据开发与管理的人才较少，并且层次参差不齐。

正是基于以上原因，导致大数据项目相对于传统关系型数据库项目，需要在项目边界的界定上更多地考虑如下问题：

> ➢ 业务边界：需要考虑哪些业务系统的数据需要接入数据仓库平台。

> ➢ 数据边界：需要考虑哪些业务数据需要接入数据仓库平台，具体包括哪些表，表结构如何，以及表间关系如何(区别于传统模式)。

> ➢ 功能边界：需要考虑提供哪些功能，不提供哪些功能，并明确功能的界定。

从某种意义上说，需求就是一个系统的轮廓和边界，也决定了这个系统的功能以及基本的形态。确定需求在架构建设中是至关重要的。

12.1.3 项目架构设计

架构师需进行充分的沟通，并通过沟通了解业务特点及业务流程。需了解的内容主要包括系统间数据的交互流程与传输模式、功能要求与性能要求等。系统间的数据交互流程和模式，决定了项目的架构和设计，因此需要对以下几个方面进行专项分析。

1. 历史数据导入流程

需要具备将原有数据(或是传统数据仓库中备份的数据)导入到大数据系统的能力，为大数据系统提供初始基础数据。在此过程中，需要分析原始数据的存储形式，以及如何对接等，是否要做数据规整化，是否存在结构化、非结构化数据等内容。当然，如果可以舍弃历史数据，则这个过程可以被裁剪。

2. 增量数据导入流程

历史数据是某个时间点之前的数据，与之对应，增量数据则是这个时间点之后的数据。增量数据的导入一般可以复用历史数据导入流程，但需要关注如何保证增量数据和历史数据的一致性。特别是随着应用的变化，增量数据导入会面临越来越多的兼容性考虑。随着平台的建设，需要花费更多的精力和时间来满足兼容性需求。

3. 数据完整性校验流程

导入数据是否完整、不完整数据是否需要补充完整、导入过程是否正确等，都需要在导入时做校验与检查。

4. 数据存储流程

数据在大数据集群上的存储路径规划、副本策略、存储格式、压缩方法、访问控制策略、配额等，都需要进行设计。

5. 数据处理流程

数据加工处理流程涉及多个大数据组件，各个组件间如何交互、数据如何流动、安全性如何控制、采用何种异常处理机制等，在设计时需要进行考虑。

6. 数据导出流程

系统对外的输出，其可以是批量数据的输出，也可以是指定数据的导出。行数据导出的方案需要根据与外部系统的对接形式、用户所需的输出形式，来做设计。

7. 数据查询流程

通过一定的方式，提取数据并组织数据，最后展现给操作员、用户或者第三方系统。

8. 工作流调度

很多情况下，数据是按照策略进行周期性导入，然后由大数据集群进行数据的存储加工处理，并对外提供服务。因此设计时要考虑采用工作流系统对整个流程进行调度，实现数据从采集到处理的完全自动化。

确定数据输入、数据输出，以及加工处理调度等流程，整个系统架构才能成为一个有机的整体。

进一步细化后，系统架构需要考虑的内容，如表12-1所示。

表12-1 系统架构关键点列表

项目	系统功能	细化条目
功能性	历史数据导入	数据清单
		关联规则
		界面
		输入输出
		处理逻辑
		异常处理
	增量数据导入	
	数据校验	
	数据存储	
	数据加工	
	数据导出	
	数据查询	
	工作流调度	
非功能性	性能	
	安全性	
	可靠性	
	可扩展性	
	可用性	
	运维管理	
	上线部署	
	故障与诊断	
接口需求	数据查询接口	
	批量任务管理接口	
	数据导出接口	

架构不仅需要考虑高层面的框架，并且在关键处需要考虑细节，关键功能特性的合理性以及系统的故障运维能力，将决定整个架构的可持续运行能力。

12.1.4 组件技术选型

架构最终会体现在技术与组件的选择上。大数据的组件繁多，但不同的组件适用的场景也不尽相同，如离线处理软件、实时处理型软件、准实时处理软件等。选择合理的大数据组件，可以事半功倍。

选择大数据组件技术要求很高，需综合对比组件的功能、性能，同时兼顾稳定性、高可用性、高可靠性、高扩展性、管理复杂度等多种维度的考虑。同时，组件间的依赖关系、未来发展、发行版本、安全问题等，都需要通盘考虑。

常用的几种组件，其使用场景对比如下。

➤ 实时应用场景(0~5s)：采用Storm、Impala、Spark Streaming等。

➤ 交互式场景(5s~1m)：这种场景通常要求支持SQL，相关组件有Impala、Spark SQL等。

➤ 非交互式场景(1m以上)：通常运行时间较长，处理数据量较大，对容错性和扩展性要求较高，相关组件有MapReduce、Hive等。

12.1.5　组件关键参数规划

在构建系统时，如图12-2所示，如下几个参数对系统安全运行有很大影响，需要在架构阶段考虑。

➤ **内存规划**：内存规划至关重要，同一个计算节点可能运行多个进程，每个进程启动运行中都需要内存资源。需要在启动时结合计算模型与业务场景进行分析计算，为每个进程分配合理的内存。另外，不仅需要考虑自身运行所需的内存，还需要考虑是否给其他进程预留了足够的内存，否则很可能导致各进程在系统中不断进行内存切换，导致性能恶化。

➤ **作业管理策略**：耗时长的运行任务和重点保障任务需要通过管理手段分时调度，并保证并发任务数目不能过多。过多的并发很可能会拖慢整个集群运行，反而降低集群效率。可以采用动态调整作业当前运行的优先级，并优先保证高优先级作业优先运行。

➤ **资源管理**：存储资源分配、计算资源分配、计算资源调度策略，以及计算资源队列规划等，都是影响运行的关键因素。

➤ **权限管理**：某个用户只能向固定分组提交作业，只能使用固定分组中配置的资源；同时可以限制每个用户提交的作业数、使用的资源量等。另外，权限管理还包括HDFS的使用权限控制。

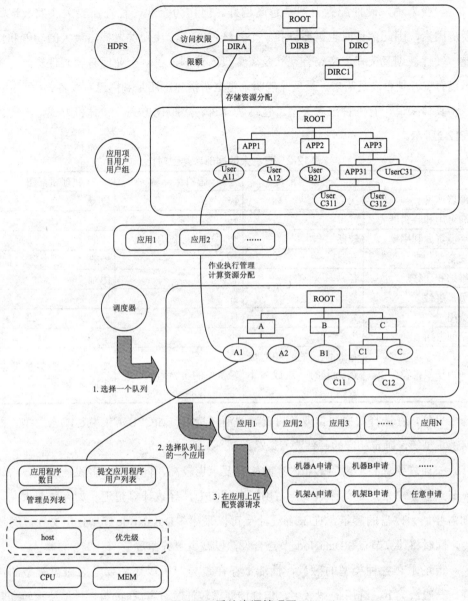

图12-2　系统资源管理图

12.1.6　硬件选择

硬件部署规模可根据数据规模来确定。需考虑的因素包括已有的数据量、后续增加的数据量、数据保存周期，以及可靠性要求等因素。

一般来说，硬件配置自然是越高越好。但作为企业，往往需要关注效费比等经济因素，因此部署时也需要寻找一个经济均衡点，让硬件发挥出最大的功能和性能。硬件规划及选择，应结合现状及资金投入计划，了解企业已有软硬件资源，考虑已有资源是否满足需求，最后才能明确是全新搭建，还是利用已有设备。

具体来说，有三种部署类型，包括物理机、虚拟化方式、一体机方式，对比如表12-2所示。

表12-2　三种大数据部署类型对比

	一体机部署	虚拟化部署	物理机部署
部署速度	快	快	较慢
高可用和容错能力	好	好	一般
环境资源利用率	较低	合理布局，利用率高	较低
安全性	高	高	一般
维护和迁移	容易	容易	困难
可扩展性	差	好	好
费用	高	低	低
空间占用	少	少	多
应用场景推荐	专业性强的、相对成熟稳定的、对成本不敏感的行业	轻量型的实验测试环境	实现复杂业务处理的生产环境

另外，在选择时要根据业务对资源的消耗特点，如CPU密集型、IO密集型、网络密集型等，确定相应的硬件选择策略；

如计算要求高，则CPU和内存的配置要求也较高，同时在部署设计上需要将计算节点独立出来，避免存储节点占用过多的CPU，导致计算延迟。如存储要求高，则需要加大磁盘的容量，在部署设计上可以采用多DataNode节点分担文件读写压力，同时将计算节点和DataNode节点合设，以减少服务器数量。

市场上有各种类型的磁盘，性能上存在差异，所以还需要考虑磁盘类型的选择。一般情况下，选用sas盘较多，但性能要求较低时可考虑sata盘，性能要求较高时可考虑采用ssd盘。另外还可以通过RAID技术来辅助实现磁盘性能的提升以及高可靠性的提升。

搭建系统时需要考虑每台服务器的单节点的性能，避免出现短板，形成性能瓶颈。

同时，平台的整体部署离不开高性能网络的支撑。需考虑IP地址的规划、机架的部署、网络的部署，以及机架上所部署交换机的处理能力等。同时，还需考虑未来扩展、网络高可用、安全隔离、防火墙的部署、容灾集群等多方面的因素。

网络建议采用万兆网，既可以降低网络部署的复杂性，也可以提高可维护性。虽然在特殊情况下也可以采用多网口绑定的方式，但是往往会大幅提高网络部署的复杂性。

对于实现高可用，我们一般都会对网络采用双网双平面的部署方式，如图12-3所示(图中略去防火墙等设备，主要保留平台所需的设备)。

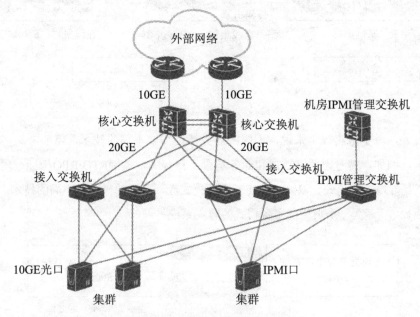

图12-3　双网双平面的网络部署模式

12.1.7　集群部署模式选择

根据系统设计架构，需要考虑集群的部署模式，一般来说，有如下几种部署模式。

➢ 单独业务集群模式：每个业务新建一套集群，独立运行。

➢ 统一集群模式：所有新上线的业务在同一套集群运行；大数据平台所有服务都部署到一个基础集群上，该集群负责数据的存储与计算功能，同时对应用提供服务。

➢ 混合模式：大集群+N个业务集群混合模式，混合模式是部署一个基础集群，N个在线集群。基础集群与在线集群分离，各应用部署在不同的在线集群，相互之间也是分离的，由管理器同时管理监控多个集群。

图12-4为一个典型的混合部署模式。

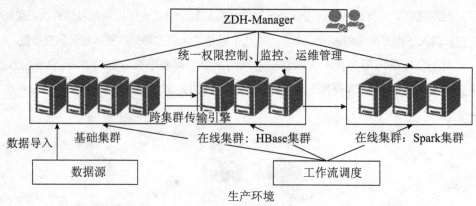

图12-4　混合型组网模式图

　　另外，对于落实技术来说，不同的业务特征需要不同的技术，需要考虑多方面的需求。例如，需考虑关键数据和业务是否支持容灾，关键RTO/RPO指标采用同城容灾还是异地容灾模式、双活模式还是主备模式等，不同的需求有不同的技术。

　　图12-5所示为一个典型的主备模式的容灾系统。

图12-5　主备容灾模式部署图

12.1.8　软件部署规划

　　大数据的部署是一个复杂的过程，会面临多种挑战，要考虑系统可以安全、稳定地运行，要保证服务的高可用、高可靠性，高扩展性、故障隔离，要降低管理复杂度。

　　为保证大数据系统的稳定可靠运行，在整体部署上应遵循如下隔离原则。

　　➤ **生产环境和测试环境的隔离**

　　系统环境分为生产环境和测试环境。其中生产环境用于实际运营，承载真实业务数据和业务应用；测试环境用于各种功能验证和性能测试等，包括应用在上线前的功能验证。如把两个环境合用，将带来很多不确定性，测试环境容易对生产环境造成干扰，影响生产环境正常业务的提供，甚至测试环境中不成熟的应用和业务运行时可能对环境造成破坏性的影响。因此要对两个环境进行物理隔离，两者独立运行，互不干扰，防止因硬件资源的占用或者抢夺对运行造成不必要的影响。

➤ **不同集群的隔离**

为避免可能存在的机架断电导致集群数据丢失或者停止服务，需要将属于同一个集群的不同节点分别部署到不同的机架上，通过多个机架的方式提供对服务器的承载。每个集群都基于一套独立的HDFS运行，这样从物理上和逻辑上与其他集群都进行了隔离。

➤ **在线应用和离线应用的隔离**

在大数据平台上运行的应用分为在线应用和离线应用两大类。为保证重点在线应用的正常运行，需要单独规划HBase集群，且该集群基于一套独立的HDFS运行，从物理上和逻辑上和其他集群都进行隔离。

➤ **不同在线应用的隔离**

对于在线应用，分为一般在线应用和重点在线应用，重点在线应用基于一套独立的HDFS运行，实现物理隔离，用于存储重要的在线数据，保证实时查询服务的持续提供。一般在线应用用于提供普通的HBase查询，对实时性的要求低于重点在线应用，所以可和离线应用部署在一个集群中。

➤ **不同应用数据的隔离**

集群中的数据都是基于HDFS进行存放的，因此对于属于同一个集群内的应用的数据隔离，可通过设置不同的HDFS目录存放的方式实现不同应用数据的隔离，如图12-6所示。

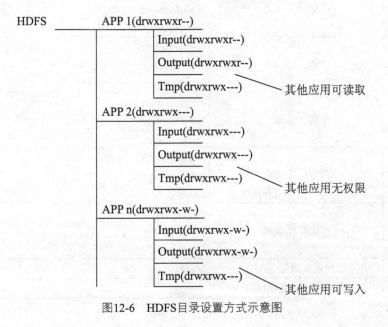

图12-6 HDFS目录设置方式示意图

不同应用属于不同的用户，不同的应用使用不同的目录，然后通过对目录进行权限配置的方式进行隔离和共享。

各个应用在自身所属的目录下设置子目录，以及数据计算所需的输入(例如：Input)和输出(例如：Output)的目录名称等。

一个典型大数据软件部署如表12-3所示。

表12-3　典型大数据软件部署表

1	主控节点(主)	NameNode HMaster ResourceManager JournalNode ZooKeeper
2	主控节点(备)	NameNode HMaster ResourceManager JournalNode ZooKeeper
3	主控辅助节点	JournalNode ZooKeeper
4	存储计算节点	RegionServer NodeManager DataNode
5	存储计算节点	RegionServer NodeManager DataNode
6	存储计算节点	RegionServer NodeManager DataNode
7	存储计算节点	RegionServer NodeManager DataNode
8	存储计算节点	RegionServer NodeManager DataNode
……N	存储计算节点	RegionServer NodeManager DataNode
	管理控制服务器(主)	Manager
	管理控制服务器(备)	Manager

12.2　架构师实践思考

大数据持续火热下，很多时候还是需要冷静思考以下问题，如团队的定位及发展，如何平衡开源、自研和第三方合作的关系，等等。

12.2.1　团队的定位及发展

小团队指的是人数非常少，或者中等规模完全不具备大数据知识的团队。对于这样的团队，想要完整地或者深入地掌握大数据的精髓，甚至去实践使用，都是非常困难的，这样的特点决定了只能去简单使用，或者利用掌握的各类资源，借助成熟的大数据产品来解决某个具体项目或者应用。

对于中型团队来说，具备大数据的实践经验，并在大数据的某些领域具备相关产品，具备大数据的运维管理经验和工具，能够对大数据开源版本进行优化实施，能够结合业务产品去推进大数据平台产品的形成。

对于大型团队来说，除了具备中型团队的能力之外，还应该有足够的人力去推动大数据产品的完善和实现，并能够引领行业的发展方向，为大数据的实现指引方向。

12.2.2　开源、自研和第三方合作的关系

1. 开源为根

开源是一种自由的思维，是一种大家互相共享知识，共同进步的根源。在大数据领域，开源已经成为一种潮流，如果仍然闭关自守，很难将自己的软件或者产品推广给大众，同时失去了这个根源，也很难汲取到开源世界的营养，久而久之，必将被抛弃和老化。

同时，其并不是全方位地公开。不能公开的，比如我们的个人隐私、国家的核心技术和敏感技术(如印钞机)等；可以公开的，应该是一些不甚敏感、公开不意味着毁灭的技术和信息，如软件源代码、部分硬件电路图、饮食菜谱等，很多实例证明，公开它们不但没有使公开者蒙受损失，反而引起了人们更多的兴趣和热情，使得相关的技术发展进入一个良性循环，稳步前进，这就是一种良好的社会风气。

只有把握好公开和不公开的道德尺度，世界才会和谐。在信息时代，对技术的封闭，一定是阻碍了科学进步的绊脚石。曾经的产权保护，的确是推进了一些国家的进步，但却不一定适用于当今的时代发展，如果现在还无视开源的重要性，只能说明这些人的短视或暗怀鬼胎。

在这样一个大的理想下，我们发现，"自由"，更是一种寻求蓝海的重要战略！

公开它的内部技术构造并不代表公布它的全部，这其中还包括一系列的如整合、系统优化和工程化等的软性思维，也就是隐性技术。所以开源产品的价值并不因为公开内部结构而丧失。理解这一点也是理解开源意义的一步。只要你稍稍留意就会发现，开源就在我们的身边。如果你再稍加思考就会明白过来，我们正是处在一种大的时代变革初期，而开源，正是默默推动这场变革的巨大力量。更早地意识到这一点，是使你站在世界前沿的基本要素。

也许你已经能够强烈地感受到开源的重要性了，种种迹象也表明，开源越来越受到政府、企业的重视，越来越多的人认识到开源的重要性及可发展性，变革已近在眼前，开源也被提上了日程。

2. 自研为核

开源虽然是大数据平台或者产品的生存根源，但是开源的东西总是不定的，变化的，同时总有一些特性是保留的，同时开源的内容也是大家共同的，并不会对产品产生优势，并不能成为别人选择的特质。因此在开源的基础上，需要以自研为核心，提炼出自身产品的核心竞争力，将这些优秀的特质做积累，并对开源软件做完善和提升，这样才能体现出个性。如果盲目跟从开源代码，最终也会在跟随中失去个性，从而在产品推广和产品测试中淘汰。

3. 合作为足

科技社会化、社会科技化的今天，是一个竞争更为激烈，同时又需要更加紧密合作的社会。纵观世界科技发展的历史，任何一项发明创造都是科学家群体共同努力的结晶。特别是21世纪以来，重大的科学发现和技术发明无一不是科学家们精诚合作的成果，无一不是科技领域的创造群体在合作中取得的辉煌成就。在相互间的合作中能凝聚力量，集中智慧，实现效果的最大化。竞争能促进更好地合作，合作有助于更好地竞争。

大数据开源项目枝繁叶茂，能够应用的领域也已经涉及各行各业，如果扎根于开源，闭门自研，还是不够的，很难在一些特色领域，或者一些特色行业中深入进去。即使大数据组件本身，一些小公司或者其他一些大公司，都在某一些方面有自己独特的东西，能够快速地在某一个行业有所作为，或者能够快速提升产品的某些特性。这些光靠自研肯定是不够的，资源毕竟都是有限的。通过合作可以展开自己的手足，触摸到不同领域、不同行业，从而给产品带来勃勃生机。

第 13 章

大数据部署实践

通过前面的理论学习与培训，小明深刻地感受到，只有这些理论知识还远远不够。他在一次技术峰会上，偶尔听到国内著名通讯厂商中兴通讯的部署实践案例，小明如获至宝，将自己的听课笔记整理成团队的部署实践教材。

13.1　中兴通讯DAP大数据平台功能和架构

中兴通讯DAP大数据平台基于Hadoop分布式技术，结合中兴通讯在大数据项目实践过程中总结出的丰富经验，整合了海量数据的采集、存储、管理、分析、查询、展现功能，并且以平台为基础提供贴合各类行业应用的全面解决方案，帮助各类行业客户挖掘、实现大数据价值。同时，其可提供持续的咨询服务和定制开发，缩短大数据应用开发周期与开发成本。DAP平台功能和架构如图13-1所示。

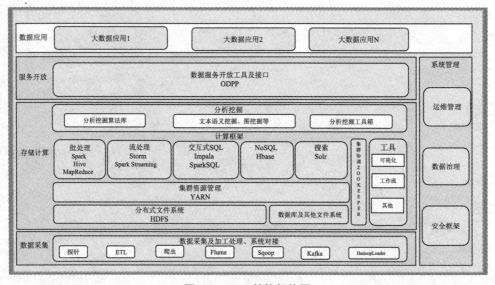

图13-1　DAP总体架构图

DAP在Hadoop的基础上，依据应用场景对相关组件进行性能优化，并自研了ODPP开放服务层、统一管理等组件，支撑企业的商用化应用。

13.2　DAP平台特点

DAP平台具有如下特点。

第一，对技术进行整合与优化，实现强大的数据存储和计算能力。

➢ 基于Hadoop技术体系，集成了Hadoop核心组件，提供完备的大数据存储和计算能力。

➢ 针对Hadoop各重要组件(如HDFS、Yarn、HBase、HIVE等)进行了大量核心技术优化，显著提升了整体性能和效率。

第二，提供丰富的数据处理、挖掘、分析技术和工具，支持复杂多样的应用需求。

➢ 集成ETL、网络爬虫、FLUME日志文件收集等数据处理技术，支持多种数据来源。

➢ 提供OLAP分析、GIS、分布式图挖掘、多媒体智能分析、报表、搜索引擎等各种数据挖掘和分析工具，为实现大数据上层应用提供完善的支撑。

➢ 屏蔽Hadoop底层技术，提供标准API接口，降低上层应用的开发难度。

第三，强大的外部集成能力，便于对接其他IT系统，保护已有投资。

➢ 对上层的应用，兼容SQL、WebService等接口，方便与现有IT系统集成，降低对接IT系统的开发工作量，实现平滑过渡。

➢ 对下层的数据，分布式的海量数据采集组件支持多种数据源接口，方便与各种系统对接完成数据采集。

第四，灵活的动态扩展能力，满足企业长期发展需要。

➢ 大数据平台提供各类数据分析、挖掘工具、数据采集以及管理组件，客户可自由进行裁剪，可以在初期进行最简功能和最小规模的投入，并在日后追加投入，最大限度地节约投资。

➢ 支持在线动态、横向扩容能力，增加存储容量和计算能力，同时不中断业务运行，避免传统扩容方式带来的风险，存储容量和系统性能近似线性增长。

➢ 提供集群管理工具，全自动系统安装，可自动计算参数配置，支持多版本混用和在线扩容功能，存储容量扩展配置可在分钟级完成，确保系统的快速上线、运维。

第五，具有良好的安全性、可用性、可维护性，保证售后无忧。

➢ 安全性：中兴通讯大数据平台提供增强的Kerbos安全机制，能够保证只有受信的用户才能访问使用数据和服务，同时在服务端进行了有效的数据隔离，保证不同的用户对于数据使用的权限严格受限。

➢ 可用性：采用分布式架构，通过对等的处理节点(计算力冗余)，对数据采用多副本存储的机制，在个别机器宕机时实现其功能由其他正常节点自动接管，不影响整个系统对外服务，具有极高的可用性。

➢ 可维护性：自研大数据管理子系统，提供全方位的管理和维护能力，包括各组件的安装、配置、监控和系统的安全、日志、告警、性能统计等，系统可维护性大幅度提高。

13.3　某银行成功案例

13.3.1　背景描述

中兴通讯的大数据平台DAP在国内某银行已成功部署，本章后续将针对该案例对大数据部署方法与步骤做进一步的说明。

大数据是一个开放的平台，当前大部分系统是基于互联网公司的开源的产品而生，但银行业在安全性、稳定性、高可用、安全私密等有更高的需求，难以完全照搬互联网原生技术模式。所以，新的大数据技术平台必须与传统行业的企业级特性相融合。例如，为了保证稳定性，从硬件到软件都需要考虑高可用性问题。

该银行的大数据业务基本场景如下：

➢ 对用户的数据进行ETL处理，通过MapReduce完成，为离线应用。

➢ 将某类数据进行抽取，放入到数据库中，对外提供查询，为在线应用。

➤ 当数据越来越多时，可通过增加存储服务器的方式进行线性扩展。

13.3.2 架构设计

综合用户所描述的业务场景，同时考虑金融行业的数据高安全性、高稳定性的特点，中兴通讯依托大数据平台系统DAP进行规划设计，为该银行提供完整的大数据平台解决方案。

首先，由于该银行需要进行海量数据的存储，则必须部署HDFS，并且该组件是其他组件的基础；其次，用户需要对数据进行ETL处理，则需要部署MapReduce(YARN)；再次，由于需提供对外的在线查询，所以HBase也需要进行部署。

综上，该银行需要部署的组件有ZooKeeper、HDFS、HBase和MapReduce(YARN)。

金融业的特殊性要求我们必须考虑整体服务的高稳定性，所以各关键组件都需要考虑高可用实现，实现方式如下。

➤ ZooKeeper：选择三台服务器部署，为集群提供协调服务。

➤ NameNode：采用QJM HA方式部署，选择两台服务器部署NameNode，选择三台服务器部署JournalNode。

➤ HBase：配置主备两台Hmaster，主备倒换借助ZooKeeper实现。

➤ ResourceManager：采用HA的方式部署。YARN依赖于HDFS运行，故部署时可选择将ResourceManager与HDFS的NameNode合设、将NodeMamager与DataNode合设的方式。

➤ 业务及管理数据库：采用分布式数据库实现，一般选择三台机器做分布式数据库集群的部署。

➤ HIVE、DAP-Manager：分别配置两台作为主备。

在项目组与该银行技术部门进行需求沟通后，了解到该银行的业务需要区分为普通业务和重点业务。对于重点业务，不仅要保证数据和业务的安全性，还要降低业务间彼此的相互影响，对重点业务在物理层面进行隔离。基于此需求，项目组将整个机群设计为由一个大集群和若干小集群组成，大集群用于进行基础数据的清洗等ETL任务，再将处理后的数据导入到小集群中进行处理，由小集群专享该数据。

一般来说，每个集群都自带一套管理门户，但这样会造成维护使用上的复杂，所以为了降低部署成本和维护复杂性，就要采用单个门户管理多个集群的方式。DAP-Manager，在架构设计上采用单门户管理多集群的设计，可以很好地满足该部署的要求。

另外，在重要系统的实际部署时，整套系统环境可分为生产环境和测试环境。其中生产环境用于实际运营，承载真实业务数据和业务应用；测试环境仅用于各种必要的功能验证和性能测试等，包括应用在上线前的功能验证。

如把两个环境合用，将带来很多不确定性，测试环境容易对生产环境造成干扰，影响生产环境正常业务的提供，甚至测试环境中不成熟的应用和业务运行时可能对环境造成破坏性的影响。因此项目组在实际部署时，对两个环境进行物理隔离，两者独立运行，互不干扰，防止因硬件资源的占用或者抢夺对运行造成不必要的影响。此项措施，有力地保证系统运行安全和资源有效利用，保障银行安全生产的需要。

解决了生产环境与测试环境可能造成的互相干扰问题，接下来还要考虑各种不同类型应用的部署和运行。在该银行的应用场景中，大数据平台上运行的应用分为在线应用和离线应用两大类。由于不用的应用在同一套物理集群上部署运行时，同样会出现资源竞争的情形，所以大数据平台就必须要对在线应用和离线应用的运行提供基本的运行规划，为应用部署提供规划规则。

规划规则1：对不同应用所用的资源需进行隔离，解决在线类应用和离线类应用运行时的资源争抢问题。

对于目前的业务场景，MapReduce任务、Hive为离线应用，HBase服务为在线应用，提供实时查询服务。部署方式如图13-2所示。

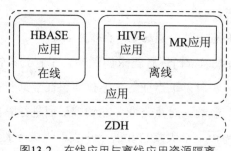

图13-2　在线应用与离线应用资源隔离

集群中的数据都是基于HDFS进行存放的，因此对于属于同一个集群内的应用的数据隔离，可通过设置不同的HDFS目录存放的方式实现。不同应用属于不同的用户，不同的应用使用不同的目录，然后通过对目录进行权限配置的方式进行隔离和共享。

规划规则2：不同应用运行时需考虑计算资源的隔离，以及运行时内存和CPU的调度。当前主要采用"yarn自动均衡"与"调度器指定"这两种手段解决此问题。

由于MapReduce任务运行时往往会占用大量的CPU和磁盘资源，为保证自身或者其他任务的正常执行，对MapReduce也要进行隔离。

对于普通MapReduce任务的隔离通过Yarn自身的机制完成。在Yarn中，资源管理由ResourceManager和NodeManager共同完成，其中ResourceManager中的调度器负责资源的分配，NodeManager负责资源的供给和隔离。ResourceManager将某个NodeManager上的资源分配给任务后，NodeManager按照要求为任务提供相应的资源，保证这些资源具有独占性，为任务运行提供基础的保证。

另外MapReduce任务实时性要求不高，可通过为各个MapReduce任务单独规划运行时间段的方式来辅助隔离，避免多个应用同时运行时出现资源抢占的情况。其中对于任务的执行时间，需要通过先在测试环境中运行采集，再通过等比例推算评估的方式获得，防止出现某个MapReduce任务的实际运行时间超出了配置时间。

而对于某些用户认为重要或者特殊(由用户自主决定)的MapReduce任务的隔离可通过设置专用调度器的方式完成。为应用设定调度队列，并为队列指定专属服务器，通过将MapReduce任务指定在某台服务器上运行的方式达到隔离的目的。而其他普通的MapReduce应用则无权使用该专属服务器的资源。

规划规则3：对不同功能的在线服务数据进行隔离，保证重点在线应用的正常运行。

需要单独规划HBase集群，且该集群基于一套独立的HDFS运行，从物理上和逻辑上和其他在线集群都进行隔离。该HBase集群的数据来源问题可通过两种方式解决：接口程序或者基于distcp的集群拷贝。

对于少量的数据迁移可通过接口程序实现，对于大量的数据迁移可通过distcp的方式进行。后者需要先在离线应用服务集群内对数据进行处理，生成HFile文件，通过distcp将文件拷贝到在线应用集群，再在在线应用集群内执行数据导入到HBase的操作。最后在线应用服务基于导入的数据对外提供实时查询服务，具体如图13-3所示。

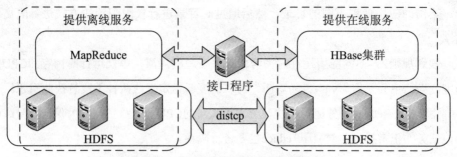

图13-3　资源隔离集群的数据迁移方式

　　另外，由于MapReduce任务在运行时对磁盘、CPU等要求较高，当MapReduce的Job和HBase等部署在一台服务器运行时，容易对HBase服务造成影响(响应很慢，长时间等待)。所以在同一套HDFS内，在服务器比较充足的情形下，也建议对MapReduce任务的运行和HBase服务进行隔离。将HBase服务指定在集群中的某些服务器上运行，MapReduce任务指定在集群中的其他服务器上运行。其通过部署不同的基础服务在不同的服务器上的方式来实现。

　　为了节省资源，下面提供了一种基于一套HDFS来实现对多套HBase支撑的实现，不同的HBase共用一套ZooKeeper，部署方式见图13-4。

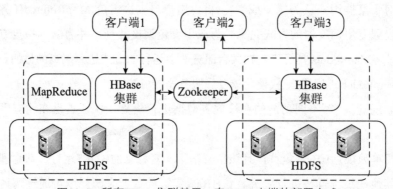

图13-4　所有HBase集群基于一套HDFS支撑的部署方式

　　所有HBase集群基于同一套ZooKeeper实现，每个集群包含各自的HMaster和Region Server，可对外独立提供在线查询服务。通过调用HBase java api实现HBase客户端访问集群内的HBase集群。由于使用相同的HDFS存储，为了防止相同的表存储空间重叠，不同的HBase集群使用不同的存储路径。同时为了区分ZooKeeper中存储的rootdnode路径，也需要修改配置文件。不同的HBase集群对外提供不同类型的数据查询服务。对于同一个HBase服务，可通过对列和表的所属权配置实现对HBase的访问控制。

13.3.3 实际部署

该银行的实际部署如图13-5所示，大数据平台上运行的应用分为在线应用(HBase服务)和离线应用(MapReduce服务)两大类。该银行大数据平台分为基础大集群和在线集群两大部分。

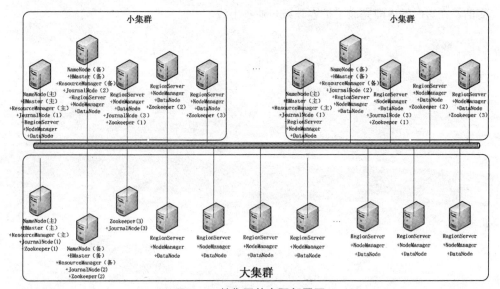

图13-5 某集团的实际部署图

> 基础集群用于接收外部导入的数据，并对数据进行加工处理，主要通过MapReduce任务对数据进行基础加工。

> 在线集群是为保证重点在线应用的正常运行而单独规划的区域，第一期是由历史数据平台1个HBase集群构成，后期再扩展个人综合对账单系统以及反洗钱风险管理系统。

对于基础集群和在线集群，其相互关系具体如下。

> 每个集群都基于一套独立的HDFS运行，无论是物理上还是逻辑上，都与其他集群进行隔离。在线集群的数据都来源于基础集群，依靠本地万兆网实现高效的传输。在线应用服务基于导入的数据对外提供实时查询服务。

> 基础集群以及历史数据平台集群各自基于一套ZooKeeper实现，每个集群包含各自的Master和RegionServer。

整个集群中部署一套CBDP-Manager用于实现集群的管理，并且该Manager单独使用一套单机MariaDB实现管理数据、告警数据、性能数据的存储。

13.3.4　交付效果

　　基于中兴DAP大数据平台的系统方案在短时间内完成部署，部署后一直平稳运行，获得了客户的称赞，并且客户将该项目树立为集团内的典型项目案例。

　　在该项目的后续扩容中，由于前期的规划与架构的合理性，整体扩容非常方便简洁，在短时间内即完成了扩容升级与业务上线。

大数据架构师拓展

A GUIDE FOR
BIG DATA ARCHITECTS

Boss跟着小明团队一起，苦读数夜终于学完小明提供的教材，顿时感觉棒棒哒，感觉自己就是大数据达人。

一天，Boss参加一场商务会谈回来后，脸黑得如同夏天里的乌云。"小明，今天有个客户对我很不客气，说他们准备搞NewSQL，对我们的大数据方案不care。NewSQL是个什么鬼？怎么以前你从来没有对我讲过？"

小明立即明白了Boss的困扰。"Boss，有几项技术(或概念)严格来说不算大数据的范畴，但它们与大数据之间有密切的关系，经常需要在方案中整体考虑这些技术。没想到我的课程还没有开发完呢，您就跑出去与别人PK，都怪我没有跟您说清楚。"

于是，小明又加班加点地将这些相关技术总结成一份简要的报告，供团队成员与Boss学习。

第 14 章

分布式系统与大数据的关系

大数据不是一夜间火热起来的，其整个概念的爆发，和分布式系统的发展及成熟是离不开的，分布式技术是大数据的技术基础，而大数据是分布式技术进步过程中，从量变到质变的一个积累结果，是分布式技术在数据分析处理行业的最佳实践。让小明带着大家回顾分布式技术发展的历程，从而揭示分布式与大数据的关系。

14.1 分布式系统概述

14.1.1 定义

分布式系统是若干独立计算机的集合，但这些计算机系统集合从用户的使用角度来说，则是一个单一的应用系统。组建一个分布式系统具备5个关键目标：

> 资源的可访问性，用户能够方便地访问远程资源，并且可以以一种受控的方式与其他用户共享资源；

> 透明性，资源在网络上的分布对用户不可见，用户的使用体验就是在一个入口做操作；

> 开放性，系统通过一整套标准化的接口来提供服务，任何第三方系统都可以通过该标准接口接入该系统，并使用其提供的服务；

> 可扩展性，系统在规模上可以扩展，可以方便地增加资源来为更多的用户提供服务；

> 容错性，系统可以从部分失效中自动恢复，而且不会严重影响整体性能。特别是，当故障发生时，分布式系统应该在进行故障恢复的同时依然可以提供基本的操作能力。也就是说，它应该能容忍错误，在发生错误时某种程度上可以继续工作。

14.1.2　相关概念澄清

1. 分布式系统和集群系统

从广义上来说，分布式系统和集群系统的关系，就像车和越野车的关系。集群通常是由一个公司管理的系统。集群通常有很低的延迟和一致的服务器硬件，而分布式系统则五花八门。甚至一个javaScript客户端和一个PHP的服务端一起组成的系统就可以被称为分布式系统。通常分布式系统具有高延迟和失败无法预测的情况。而构建集群的目的是通过使用可靠的硬件和更好的网络连接来防止这些问题。但集群系统依然是一个分布式系统，就像越野车依然是有4个轮子和1个发动机的车一样。

从狭义上来说，分布式系统中的每个服务器都有自己唯一的数据，而集群服务器有相同的数据。分布式系统中所有服务器都可能互相通讯，而集群服务器相对独立，很少相互通讯。分布式是并联工作的，集群是串联工作的。分布式是指将不同的业务分布在不同的地方。而集群指的是将几台服务器集中在一起，服务于同一业务。分布式是以缩短单个任务的执行时间来提升效率的，而集群则是通过提高单位时间内执行的任务数来提升效率。

如果一个任务由10个子任务组成，每个子任务单独执行需1小时，则在一台服务器上执行该任务需10小时。

采用分布式方案，提供10台服务器，每台服务器只负责处理一个子任务，不考虑子任务间的依赖关系，执行完这个任务只需一个小时(这种工作模式的一个典型代表就是Hadoop的Map/Reduce分布式计算模型)。

而采用集群方案，同样提供10台服务器，每台服务器都能独立处理这个任务。假设有10个任务同时到达，10个服务器将同时工作，10小时后，10个任务同时完成，这样，整体来看，还是1小时内完成一个任务。

2. 垂直扩展和水平扩展

一个应用系统增加更多资源的方法分为两类，即水平扩展和垂直扩展。

(1) 水平扩展Scale Horizontally(or Scale Out)：给系统增加更多的节点，例如给一个分布式应用系统增加一个新的计算机。这种方式扩展非常简单，尤其是使用虚拟化技术和云技术时更容易。但是其管理复杂，理解和开发难度更高。

(2) 垂直扩展Scale Vertically(or Scale Up)：给系统增加节点或者更换硬件，例如给单独的一个节点增加额外的CPU和内存。这种方式操作非常简单，但是扩展成本很高，需要大且昂贵的节点(通常是中/大型计算机)。

3. 并发和并行

并发(Concurrency)：并发是指在一个时间点同时存在的动作/事务/线程数量，偏重存在，是并行的一种更普遍的形式，包含采用时间片方式的虚拟并行的情况。一般单CPU系统无法同时执行两个或者两个以上的任务，但是允许任务同时存在。

并行(Parallelism)：并行是指在一个时间点同时运行的动作/任务/事务/线程/进程数量，只有多核或者多个CPU才能发生并行。

4. CAP理论

CAP理论是分布式系统开发的基础，是由Eric Brewer提出的分布式系统中最重要的理论之一。CAP的定义很简单，CAP三个字母分别代表了分布式系统中三个相互矛盾的属性。

> Consistency(一致性)：所有分布式系统节点在同一时间看到的数据是完全相同的，这里的数据一致性特指数据的强一致性。

> Availability(可用性)：每一个请求，无论是成功还是失败，都会保证收到响应。这里指系统具备百分之百的可用性。

> Partition Tolerance(分区容忍性)：部分系统失效或者分布式系统之间消息的丢失，不影响整个分布式系统的操作，这主要体现整个系统的容错性。

CAP理论意味着无法设计一种分布式协议，使得同时完全具备CAP三个属性：

> 该种协议下的数据始终是强一致性的；

> 该协议下系统的服务始终是可用的；

> 协议可以容忍任何网络分区异常，具备高容错性，分布式系统协议只能在CAP这三者中间有所折中。

热力学第二定律说明了永动机是不可能存在的，不要去妄图设计永动机。与之类似，CAP 理论的意义就在于明确提出了不要去妄图设计一种对CAP三大属性都支持的完美系统，因为这种系统在理论上就已经被证明不存在。

如图14-1所示的是一个有两个节点的分布式系统，假设应用A和应用B运行在两个区域的服务器N1和N2上。应用A执行写数据到d，同时应用B从一个副本读取数据。数据的同步是通过服务器N1发送同步消息到服务器N2来完成的。当客户端发送一个存储数据命令去更新数据d时，应用A会接收到请求并写入其本地资源库中，服务器N1则会发送复制消息来用新的数据d来替换老的数据d'。接下来客户端从N2读取到更新的数据。在这种理想情况下，这个分布式系统是具备一致性的。

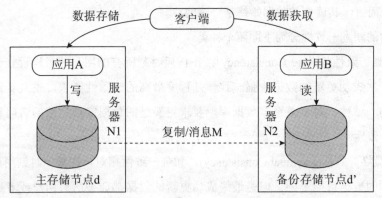

图14-1　分布式CAP操作过程

可以针对一些异常情况来对CAP理论做简单的反证，现在假定N1发送到N2的同步消息丢失。

(1) 如果我们想让系统具备故障容忍能力，则整个系统必须运行，只是副本上的数据还是旧的，这样客户端读取的是旧版本的数据，这样整个系统就无法保持一致性；

(2) 如果我们要保证整个系统的一致性，则需要N1同步写操作和复制消息M为同一个原子事务，这样就需要等待N2对复制消息的确认，N2的确认消息的响应时间是不确定的，从而使得整个系统在这段时间不可用。

基于上述分析可以看出，CAP理论告诉我们，在大规模分布式系统中，我们必须在可用性和一致性之间权衡。在最终一致性模型中，复制消息是异步的，N1如果没有收到确认，则会重新发送消息直到N2的副本和N1一致，同时客户端要处理这种暂时不一致的状态。

对于大多数web应用，其实并不需要强一致性，因此牺牲一致性而换取高可用性，是目前多数分布式数据库产品的方向。

5. 强一致性和最终一致性

副本(Replica/Copy)指在分布式系统中为数据提供备份。数据副本指在不同的节点上存储相同的数据。分布式系统通过副本控制协议，使得从系统外部读取系统内部的各个副本数据在一定的约束条件下相同，称之为副本一致性(Consistency)。

例如：某系统有 3 个副本，某次更新数据完成了其中 2 个副本的更新，第 3 个副本由于异常而更新失败，此时仅有 2 个副本的数据是一致的，但该系统通过副本协议使得外部用户始终只读更新成功的第 1、2 个副本，不读第 3 个副本，从而对于外部用户而言，其读到的数据始终是一致的。

常用的副本一致性分为下面两个种类。

(1) 强一致性(Strong Consistency)：在任何时刻所有的用户或者进程查询到的都是最近一次成功更新的数据。强一致性是程度最高的一致性要求，也是实践中最难以实现的一致性。对于关系型数据库，要求更新过的数据能被后续的访问看到，这就是强一致性。

(2) 最终一致性(Eventual Consistency)：和强一致性相对，在某一时刻用户或者进程查询到的数据可能不同，但是最终成功更新的数据都会被所有用户或者进程查询到。当前主流的NOSQL数据库都是采用这种一致性策略。

14.1.3 分布式系统体系结构

把分布式系统的逻辑组织结构看作软件组件来分析其体系结构，则通常分布式系统可以划分为以下4种体系架构。

(1) 基于分层的体系架构，组件组成不同的层，各层的请求自顶向下依次调用，而请求结果则从下往上。如图14-2 基于分层的体系架构所示，TCP/IP协议的模型是这种体系架构的经典。

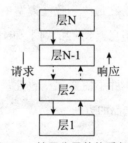

图14-2　基于分层的体系架构

(2) 基于对象的体系架构，是一种很松散的组织结构，每个对象是一个组件，组件间通过远程过程调用机制来交互。图14-3基于对象的体系架构所示，大型软件多采用本架构。

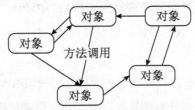

图14-3　基于对象的体系架构

(3) 基于数据的体系架构，组件间的通信通过一个公用的数据仓库。图14-4为基于数据的体系架构，基于web的分布式系统大多数是以数据为中心的。

图14-4　基于数据的体系架构

(4) 基于消息的体系架构，组件间的通信是通过消息来传播的，进程间是松耦合的。图14-5为基于消息的体系架构，通常的发布/订阅系统都属于这类。

图14-5　基于消息的体系架构

14.1.4　分布式系统演进

最出名的分布式计算模型就是Internet，它是所有分布式技术的基础，从电子商务、云计算、面向服务到虚拟化，再到大数据。所有的分布式计算模型都有一个相同的特性：他们是一群协同工作的网络计算机。

总体上说，整体分布式系统的演进是从封闭到开放的过程，是一个不断标准化的过程。

早期是美国国防部先进研究项目局(DARPA)的内部网络和一些私企的远程过程调用(RPC)系统，慢慢地，TCP/IP协议的发展和被广泛应用，这最终夯实了分布式系统的基础。

每个厂商和标准组织都在发展自己的远程过程调用(RPC)系统，这使得任何一家公司都无法创建一个通用的分布式计算标准。20世纪90年代中期，Internet协议替代了这些早期的尝试，并成为今天分布式计算的基础。整个演进过程如图14-6分布式计算演进过程所示。

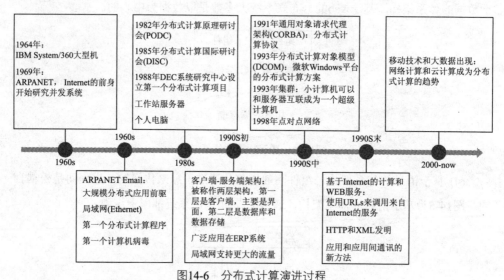

图14-6　分布式计算演进过程

典型的分布式系统案例具体如下。

➤ 电信通信网络：电话网络和蜂窝网络，计算机网络(Internet)，无线传感器网络。

➤ 网络应用：广域网和点对点网络，在线游戏和虚拟现实社区，分布式数据库，网络文件系统。

➤ 实时控制系统：飞机控制系统，工业控制系统。

➤ 并行计算：科学计算(包括集群计算和网格计算)，计算机图形的分布式渲染。

14.2　分布式系统关键协议和算法概述

在分布式系统中计算节点和存储节点可以在同一台物理机器上，也可以位于不同的物理机器。如果二者位于不同的物理机器上，则计算的数据需要通过网络传输，明显这种方式的网络开销很大，甚至网络带宽会成为系统的总体瓶颈。为了解决这个问题，业界采用被称为本地化计算的方法，也就是将计算调度到与存储节点在同一台物理机器上进行。本地化计算体现了一种重要的分布式调度思想："移动数据不如移动计算"，通俗说就是计算跟着数据走。

当数据分布到多个物理节点后，必须对每份数据建立副本，数据副本指在不同的节点上存储相同的数据，这样可以保证某一节点异常时，可从其他副本读取数据，同时在负载很大时，分散的副本数据可以起到负载分担的作用。数据副本是分布式系统解决数据丢失异常的唯一手段。对分布式系统来说，维持多副本主要是为了提升系统的可靠性和性能。如果一个文件系统已建立多个数据副本，则当一个副本被破坏后，文件系统只需要转换到另一个数据副本就可继续运转，从而使得系统更加可靠。同样，当分布式系统需要进行扩展时，副本对于提高性能也是非常重要的，通过对数据进行复制，让他们分担工作负荷，就可以提高性能。虽然复制能提升系统的可靠性和性能，但是复制是有代价的。首先，维持多副本需要更多的存储空间，所有副本的更新需要更多的网络带宽，另外，多个副本可能导致一致性方面的问题，一旦某个副本被修改了，那么它将不同于其他所有的副本。因此，必须对所有副本进行同样的修改以确保一致性。

综上，一个分布式系统的关键协议和算法主要有两类：

➢ 如何拆解分布式系统的输入数据，即数据的分布方式；

➢ 数据的多副本如何保证其一致性。

14.2.1　数据分布方式

对系统的输入数据进行分解并分布到不同的节点的方式就是数据的分布方式，通常采用下面的方法。

(1) 哈希方式。哈希方式是最常见的数据分布方式，其方法是按照数据的某一特征计算哈希值，并将哈希值与机器中的机器建立映射关系，从而将不同哈希值的数据分布到不同的机器上。所谓数据特征可以是key-value系统中的 key，也可以是其他与应用业务逻辑相关的值。图14-7 哈希算法数据分布示意图给出了哈希方式分数据的一个例子，将数据按哈希值分配到3个节点上。

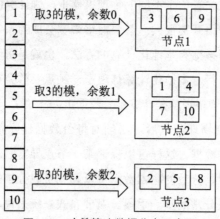

图14-7　哈希算法数据分布示意图

(2) 按数据范围分布。按数据范围分布是另一种常见的数据分布方式，将数据按特征值的值域范围划分为不同的区间，使得集群中每台(组)服务器处理不同区间的数据。图14-8 按数据范围分布的示意图展示了这种数据的发布方式。

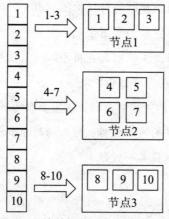

图14-8　按数据范围分布的示意图

(3) 按数据量分布。按数据量分布数据与具体的数据特征无关，而是将数据视为一个顺序增长的文件，并将这个文件按照某一较为固定的大小划分为若干数据块，不同的数据块分布到不同的服务器上。图14-9 按数据量分布的示意图就是一个简单的样例。

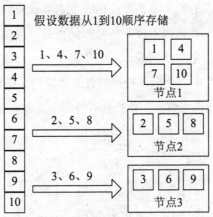

图14-9　按数据量分布的示意图

(4) 一致性哈希。使用一个哈希函数计算数据或数据特征的哈希值，令该哈希函数的输出值域为一个封闭的环，即哈希函数输出的最大值是最小值的前序。将节点随机分布到这个环上，每个节点负责处理从自己开始顺时针至下一个节点的全部哈希值域上的数据。图14-10 一致性哈希分布示意图是一个简单的示例。

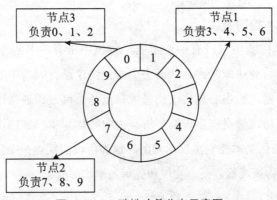

图14-10　一致性哈希分布示意图

14.2.2　数据副本控制协议

副本控制协议指按一定的协议流程控制副本数据的读写行为，使得副本满足一定的可用性和一致性要求的分布式协议。副本控制协议要具有一定的容错能力，从而保证系统具有一定的可用性。在分布式系统中通常有两种方法。

1. 中心化副本控制协议

中心化副本控制协议的基本思路是：由一个主节点协调副本数据的更新，并维护副本之间的一致性。中心化副本控制协议的优点是协议相对较为简单，所有副本相关的控制和并发控制由主节点完成，从而使得一个分布式并发控制问题，简化为一个单机并发控制问题。中心化副本控制协议通用架构如图14-11所示。这类协议的优点是设计简单，但是存在主节点，使得其可能由于主节点异常而造成不可用。

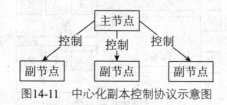

图14-11　中心化副本控制协议示意图

最常用的中心化副本控制协议就是Primary-Secondary协议。类似通常的Master-Slave系统，Primary是主节点，Secondary是若干副节点。在这种协议中，副本被分为两种：Primary的副本，通常只有一个；除Primary以外的副本都作为Secondary副本。维护Primary副本的节点作为中心节点，中心节点负责维护数据的更新、并发控制、协调副本的一致性等控制管理工作。

2. 去中心化副本控制协议

去中心化副本控制协议没有中心节点，协议中所有的节点都是完全对等的，节点之间通过平等协商达成一致。从而去中心化协议没有因为中心化节点异常而带来的停止服务等问题。去中心化协议的最大缺点是协议过程通常比较复杂。不再就去中心化副本控制协议做进一步详细分析。去中心化副本控制协议通用架构，如图14-12所示的去中心化副本控制协议示意图。这类协议的优点是个别节点异常不影响整个系统，缺点是协议流程复杂，实现和处理效率均降低。

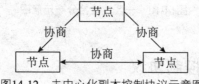

图14-12　去中心化副本控制协议示意图

Paxos是唯一在工程中得到应用的强一致性去中心化副本控制协议。Paxos协议算法是Lamport于1990年提出的一种基于消息传递的一致性算法。由于算法难以理解，起初并没有引起人们的重视。2006年Google的三篇论文中的chubby锁服务使用

paxos作为chubby cell中的一致性算法，Paxos的人气从此一路狂飙。Paxos协议是少数在工程实践中证实的强一致性、高可用的去中心化分布式协议。

Paxos协议算法解决的问题是一个分布式系统如何就某个值(决议)达成一致。一个典型的场景是，在一个分布式数据库系统中，如果各节点的初始状态一致，每个节点都执行相同的操作序列，那么他们最后能得到一个一致的状态。为保证每个节点执行相同的命令序列，需要在每一条指令上执行一个"一致性算法"，以保证每个节点看到的指令一致，这是分布式计算中的重要问题。

基于Paxos协议中，有一组完全对等的参与节点(称为accpetor)，这组节点各自就某一事件做出决议，如果某个决议获得了超过半数节点的同意则生效。Paxos协议中只要有超过一半的节点正常，就可以工作，能很好对抗宕机、网络分化等异常情况。

14.3　分布式系统和大数据

面对越来越多的数据，采用什么技术方案来处理这些数据始终是一个关键问题。过去分布式计算理论比较复杂，技术实现比较困难，因此在处理大数据方面，集中式计算一直是主流解决方案。IBM的大型机就是集中式计算的典型硬件，很多银行和政府机构都用它处理大数据。随着需求变化和技术发展，数据处理逐渐从传统的集中式计算向分布式计算演进。互联网公司把研究方向聚焦在可以使用廉价计算机的分布式计算上，并取得巨大成功。**当前分布式计算越来越成为大数据处理的主流。**

1. 成本压力使得对分布式计算的需求越来越多

不是所有的问题都需要分布式计算来解决，对传统银行来说，由于对成本不是很敏感，所以都是购买高端的大型计算机做数据分析处理。但是对一般企业来说，对成本非常关注，所以购买的硬件只能够满足收集一些重要的且性能不是很高的数据。而对于所有的数据分析师来说，则希望所有的数据都被收集和存储，从而可以随时在其中找到需要的数据，这就需要更多的计算和存储资源。为了满足这些需求，企业需要相对低成本的解决方案，基于通用IT软硬件的分布式系统正好可以作为低成本方案，从而得到发展。

2. 硬件和软件的技术突破改变数据管理行业

技术革新提升了数据处理能力，降低了硬件的价格。同时，新的分布式软件技术基于通用IT硬件构建大规模的分布式系统，并且能通过自动化管理技术充分利用硬件的能力。例如一个大的分布式集群的负载均衡和优化技术，所有的节点被当作一个计算/存储/网络资源池，在出现节点故障时，计算和存储可以在不同节点间迁移。

3. 分布式计算是大数据的技术基础，大数据是分布式计算的最佳实践

分布式的下面这些特点，能够保证大数据系统的稳定可靠运行：

➤ 容错性，对于最终用户来说，即使部分组件发生故障，也不影响其业务操作；

➤ 高可用性，业务能够保持99.999%的可用性；

➤ 可恢复性，组件发生故障后，能够自动恢复并重新加入系统；

➤ 一致性，各个组件/节点在并发和失败时能保持数据一致性；

➤ 可扩展性，增加某些节点，系统依然运行正确。

大数据作为分布式系统的最佳实践，其核心是利用多台计算机组成的分布式系统来协同解决单台计算机所不能解决的大数据的计算、存储等问题。大数据和传统数据分析的最大区别就在于问题的规模，即计算、存储的数据量的区别。大数据将传统的单机数据分析问题使用分布式来解决，首先要解决的也是如何将问题拆解为可以使用多机分布式解决，使得分布式系统中的每台机器负责原问题的一个子集。由于无论是计算还是存储，其问题输入对象都是数据，所以如何拆解数据依然是大数据系统的基本问题。

大数据系统采用的数据处理方式如表14-1所示。

表14-1　大数据系统的数据处理方式

大数据系统	数据分布方式	副本控制策略
Big Table& HBase	按数据范围分布	ZooKeeper
GFS& HDFS	按数据量分布	ZooKeeper
ZooKeeper		中心化与去中心化相结合

对于开源大数据系统Hadoop的各个组件来说，其普遍采用中心化副本控制协议来简化系统的设计和实现，但是为了保证系统的可靠性，又在其分布式协调系统ZooKeeper中采用类似Paxos的去中心化协议选出Primary节点。在完成Primary节点的选举后，系统就转为中心化的副本控制协议，即由Primary节点负责同步更新操作到Secondary。这样就保证了Primary节点的可靠性。

综合起来，我们可以看到，无论是分布式系统还是大数据系统，其本质都是如何对数据做合理和高效的处理。本章介绍了作为大数据基础的分布式系统对数据的基本处理方法，包括数据的分布方式和对数据副本进行控制的协议和算法。这些算法也是前面介绍的大数据各类组件的技术基础。所有的大数据系统都是以分布式系统作为其技术基础，并随着分布式技术的成熟而发展起来的。

第 15 章 👤

数据库系统与大数据的关系

互联网技术的繁荣改变了人们的思维模式，在技术应用领域开始了以算法为中心向以数据为中心的变革，算法成为数据的表现形式。洞察数据、让数据说话是这一时代的代名词。Google发表的三篇论文展示了处理海量数据的技术手段，使得数据表达的意义从宏观转向微观，以大数据为代表的生态圈逐渐构成一个技术闭环。

传统主流数据库系统，以商用数据DB2、Oracle、SQLServer、Sybase，开源数据库PostgreSQL、MySql为代表，具有强大SQL域关系演算、实现关系代数操作的能力，其传统数据管理能力及技术架构在很长的历史时期中占统治地位，面对不断增长的数据量和多样化的数据类型，拥抱变化、不断创新、迎接挑战是其必然之路。

15.1　数据库系统的历史

对于传统IT软件的三架马车(操作系统、办公、数据库)之一的数据库，Oracle总裁埃里森曾开过这样的玩笑："我们的数据库可以装各种数据，我希望有一天把Window操作系统装进Oracle中。"当然这个玩笑并未成为现实，并被人认为是野心，SUN公司被Oracle收购，另外一个操作系统Solaris被"装进"了Oracle，其数据库的行业地位不容质疑。

15.1.1　关系数据库的发展

20世纪60年代末，70年代初出现的三个事件标志数据库技术日益成熟，并有了坚实的理论基础。

1969年IBM公司研制开发基于层次结构数据模型的数据库管理系统IMS(Information Mangement System)。

DBTG(Data Base Task Group)于20世纪60年代末70年代初在对数据库系统研究讨

论的基础上提出基于网状模型的数据库系统报告，这些报告确定并建立了数据库系统的许多概念、方法和技术。

1970年IBM公司San Jose研究实验室的E. F. Codd发表了《大型共享数据库数据的关系模型》论文，提出了数据库的关系模型，开创了数据库关系方法和关系数据理论的研究，为数据库技术奠定了理论基础。E. F. Codd因杰出的工作于1981年获得了ACM图灵奖。

数据库技术迎来了发展期，数据库方法，特别是DBTG方法和思想应用于各种计算机系统，出现了许多商品化数据库系统，大多是基于网状和层次模型的。

关系方法的理论研究和软件研制取得了很大成果，IBM公司San Jose研究实验室在IBM370系列机上研制关系数据库系统System R获得成功，1981年IBM又发布了具有System R全部特征的SQL/DS。与此同时，加州伯克利分校也研制INGRES关系数据库实验系统，并发布了商用INGRES系统。

历史就是这样的有意思，1977年Oracle创立，Ellison这个市场的宠儿后面的故事大家都知道了，IBM"上百亿美元的错误"成就了Oracle，刚开始的市场竞争是在Oracle和INGRES之间，直到1985年IBM才发布了关系数据库DB2，采用了和Ingres不同的数据查询语言SQL，Ingres用的是QUEL。SQL在1986年成为了正式工业标准，IBM确立SQL的标准是Oracle成功的关键，但数据库的战争远未结束。Sybase和Informix也加入了竞争的行列。

15.1.2　SQL成为关系数据库的代名词

通常人们一谈起数据库时，理所当然地认为讨论的是基于SQL的数据库，这充分说明SQL对关系型数据库的巨大意义。

SQL语言是1974年由Boyce和Chamberlin提出，并在IBM公司San Jose Research Laboratory研制的SystemR上实现的。20世纪70年代初，IBM公司SanJose研究实验室的E. F. Codd发表将数据组成表格的应用原则(Codd'sRelational Algebra)。1974年，同一实验室的D. D. Chamberlin和R. F. Boyce在Codd'sRelational Algebra基础上，研制出一套规范语言——SEQUEL(Structured English Query Language)，并在1976年11月的IBM Journal of R&D上公布新版本的SQL(即SEQUEL/2)，1980年改名为SQL。

1979年Oracle公司首先提供商用的SQL，IBM公司在DB2和SQL/DS数据库系统中也实现了SQL。

1986年10月，美国ANSI采用SQL作为关系数据库管理系统的标准语言(ANSIX3.135-1986)，后为国际标准化组织(ISO)采纳为国际标准。

1989年，美国ANSI采纳在ANSIX3.135-1989报告中定义的关系数据库管理系统的SQL标准语言，称为ANSISQL89，该标准替代ANSIX3.135-1986版本。该标准为下列组织所采纳：

➢ 被国际标准化组织(ISO)采纳，发布在ISO9075-1989 "Database Language SQL With Integrity Enhancement"；

➢ 被美国联邦政府采纳，发布在 "The Federal Information Processing Standard Publication(FIPSPUB)127"。

目前(21世纪初期)，主要的关系数据库管理系统支持某些形式的SQL，大部分数据库将遵守ANSISQL89标准。

ISO于1992年11月又公布了SQL92标准，在此标准中，把数据库分为三个级别：基本集、标准集和完全集。

各种不同的数据库对SQL语言的支持与标准存在着细微的不同，这是因为，有些产品的开发先于标准的公布，另外，各产品开发商为了达到特殊的性能或新的特性，需要对标准进行扩展。已有100多种遍布在从微机到大型机上的数据库产品SQL，其中包括DB2、SQL/DS、ORACLE、INGRES、SYBASE、SQLSERVER、DBASEIV、PARADOX、MICROSOFTACCESS等。

SQL语言基本上独立于数据库本身、使用的机器、网络、操作系统，基于SQL的DBMS产品可以运行在从个人机、工作站到基于局域网、小型机和大型机的各种计算机系统上，具有良好的可移植性。可以看出标准化的工作是很有意义的。早在1987年就有一些有识之士预测SQL的标准化是"一场革命"，是"关系数据库管理系统的转折点"。数据库和各种产品都使用SQL作为共同的数据存取语言和标准的接口，使不同数据库系统之间的互操作有了共同的基础，进而实现异构机、各种操作环境的共享与移植。

15.1.3　MPP异军突起

传统RDBMS的核心设计思想基本上是30年前形成的，互联网时代的数据量之大已经在不断挑战人的心理预期，随着数据量的增长，对分析需求的日益增长，成为数据处理技术面临的新的挑战。数据处理领域还是传统关系型数据库(RDBMS)的天下。过去30年脱颖而出的无疑是Oracle公司。全世界数据库市场基本上被Oracle、IBM/DB2、Microsoft/SQL Server、SAP等垄断。开源数据库主要是MySQL和PostgreSQL。这些数据库当年主要是面向OLTP交易型需求设计、开发的，以开发人机会话应用为主。这些传统数据库底层的物理存储格式都是行存储，比较适合数据频繁的增删改操作，但对于统计分析类的查询，行存储效率很低，在传统数据库架构下，MPP架构是首先能考虑到的架构设计。

MPP即大规模并行处理系统，系统由许多松耦合处理单元组成。其中，每个单元内的CPU都有自己私有的资源，如总线、内存、硬盘等。在每个单元内都有操作系统和管理数据库的实例副本。

1. MPP架构的优势

(1) 数据存储

MPP分析型数据库采用列相关存储架构进行数据存储，主要适合于批量数据处理和即席查询。

面对海量数据分析的I/O瓶颈，把表数据按列的方式存储，其优势体现在以下几个方面。

(2) 不读取无效数据

其降低I/O开销，同时提高每次I/O的效率，从而大大提高查询性能。查询语句只从磁盘上读取所需要的列，其他列的数据是不需要读取的。磁盘I/O是行存储的1/10或更少，查询响应时间提高10倍以上。行列访问示意图如图15-1所示。

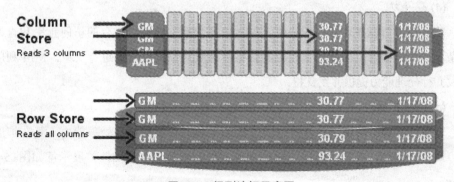

图15-1　行列访问示意图

(3) 高压缩比

压缩比可以达到5～20倍以上，数据占有空间降低到传统数据库的1/10，节省了存储设备的开销。列数据压缩存储示意如图15-2所示。

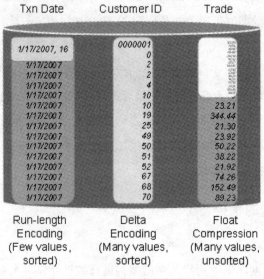

图15-2　列压缩示意图

当数据库的大小与数据库服务器内存大小之比达到或超过2:1(典型的大型系统配置值)时，列存的I/O优势就显得更加明显。

由于采用列存储技术，其还可以实现高效的透明压缩。由于数据按列包存储，每个数据包内都是同构数据，内容相关性很高，更易于实现压缩，压缩比通常能够达到1:10，甚至更优。这使得其能够同时在磁盘I/O和CacheI/O上提升数据库的性能。

(4) 高并发

随着商业智能在企业内的快速发展，BI用户对信息分析平台的访问频率和查询复杂度也快速提升，因此要求相应的数据库系统对高并发查询进行支持。MPP利用强大并行处理能力提供并发支持。

(5) 线性扩展

在MPP架构中增加节点就可以线性提高系统的存储容量和处理能力。其在扩展节点时操作简单，在很短时间内就能完成数据的重新分布。线性扩展示意如图15-3所示。

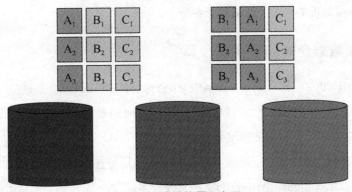

图15-3 线性扩展示意图

线性扩展支持为数据分析系统将来的拓展给予技术上的保障，用户可根据实施需要进行容量和性能的扩展。

(6) 高可用性

MPP是高可用的系统，在集群MPP环境中除了硬件级的Raid技术外，有的提供数据库层Mirror机制保护，即每个节点数据在另外的节点中同步镜像，单个节点的错误不影响整个系统的使用。数据在不同节点的高可用镜像，如图15-4所示。

图15-4 数据镜像示意图

对于主节点，MPP可提供Master/Standby机制进行主节点容错，当主节点发生错误时，可以切换到Standby节点继续服务。

2. MPP架构的局限

➤ 列存储模式的使用有限制，不支持delete/update操作。

➤ 用户不可灵活控制事务的提交，用户提交的处理将被自动视作整体事务，整体提交，整体回滚。

➤ 数据库需要额外的空间清理维护(vacuum)，给数据库维护带来额外的工作量。

➤ 用户不能灵活分配或控制服务器资源。

➤ 对磁盘IO有比较高的要求。

➢ 备份机制还不完善，没有增量备份。

3. 主流数据仓库MPP实现

Microsoft 2008年就收购了DATAllegro公司，DATAllegro公司成立于2003年，以一款基于Ingres数据库的大规模并行处理(MMP)数据仓库软件立足于市场。DATAllegro完全采用非专利的标准数据库引擎。

SAP SybaseIQ本身是共享磁盘，它跟RAC的区别是它不共享节点的计算资源。

Vertica、Greenplum、AsterData支持MPP技术，每个节点完全独立运作，完全无共享架构，降低对共享资源的系统竞争。不共享磁盘，数据移动和重分布完全是靠计算机集群完成的。

Teradata、IBM Netezza都是Shared Nothing架构体系架构的一体机结构，为追求系统性能，系统硬件都做了专门的设计。

下面以Greenplum为例介绍MPP的架构

(1) 基础架构

Greenplum作为分布式数据库产品，在处理海量数据方面相比传统数据库有着较大的优势。

Greenplum整体架构如图15-5所示。

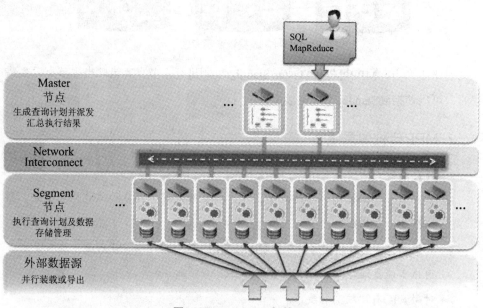

图15-5　Greenplum架构图

数据库由Master Severs和Segment Severs通过Interconnect互联组成。

Master主机负责：建立与客户端的连接和管理；SQL解析并形成执行计划；执行计划向Segment分发收集Segment的执行结果；Master不存储业务数据，只存储数据字典。

Segment主机负责：业务数据的存储和存取；用户查询SQL的执行。

(2) 主要特性

Greenplum整体有如下技术特点。

➤ Shared-nothing架构

海量数据库采用最易于扩展的Shared-nothing架构，每个节点都有自己的操作系统、数据库、硬件资源，节点之间通过网络来通信。

➤ 基于gNet Software Interconnect

数据库的内部通信通过基于超级计算的"软件Switch"内部连接层，基于通用的gNet(GigE，10GigE) NICs/switches在节点间传递消息和数据，采用高扩展协议，支持扩展到1000个以上节点。

➤ 并行加载技术

利用并行数据流引擎，数据加载完全并行，加载数据可达到4.5T/小时(理想配置)，并且可以直接通过SQL语句对外部表进行操作。

➤ 支持行、列压缩存储技术

海量数据库支持ZLIB和QUICKLZ方式的压缩，压缩比可到10:1。压缩数据不一定会带来性能的下降，压缩表通过利用空闲的CPU资源，而减少I/O资源占用。

海量数据库除支持主流的行存储模式外，还支持列存储模式。如果常用的查询只取表中少量字段，则列模式效率更高，如查询需要取表中的大量字段，行模式效率更高。

海量数据库的多种压缩存储技术在提高数据存储能力的同时，也可根据不同应用需求提高查询的效率。

15.1.4　革命性的NoSQL

NoSQL一词首先是CarloStrozzi在1998年提出来的，指的是他开发的一个没有SQL功能的、轻量级的、开源的关系型数据库。这个定义跟我们现在对NoSQL的定义有很大的区别，它确确实实字如其名，指的就是"没有SQL"的数据库。不过，

NoSQL的发展慢慢偏离了初衷，CarloStrozzi也发觉，其实我们要的不是"nosql"，而应该是"norelational"，也就是我们现在常说的非关系型数据库。

2009年初，Johan Oskarsson举办了一场关于开源分布式数据库的讨论，Eric Evans在这次讨论中再次提出了NoSQL一词，用于指代那些非关系型的、分布式的，且一般不保证遵循ACID原则的数据储存系统的出现和兴起。Eric Evans使用NoSQL这个词，并不是因为字面上的"没有SQL"的意思，他只是觉得很多经典的关系型数据库名字都叫"**SQL"(例如MySQL、MSSQL、PostgreSQL)，所以为了表示跟这些关系型数据库在定位上的截然不同，就用了"NoSQL"一词。

NoSQL(NoSQL=NotOnlySQL)，意即"不仅仅是SQL"，是一项全新的数据库革命性运动。NoSQL的拥护者们提倡运用非关系型的数据存储，相对于铺天盖地的关系型数据库运用，这一概念无疑是一种全新的思维注入。

对于NoSQL，并没有一个明确的范围和定义，但是他们都普遍存在下面一些共同特征。

> 不需要预定义模式：不需要事先定义数据模式，预定义表结构。数据中的每条记录都可能有不同的属性和格式。当插入数据时，并不需要预先定义它们的模式。

> 无共享架构：相对于将所有数据存储的存储区域网络中的全共享架构，NoSQL往往将数据划分后存储在各个本地服务器上。因为从本地磁盘读取数据的性能往往好于通过网络传输读取数据的性能，从而提高了系统的性能。

> 弹性可扩展：可以在系统运行的时候，动态增加或者删除结点。不需要停机维护，数据可以自动迁移。

> 分区：相对于将数据存放于同一个节点，NoSQL数据库需要将数据进行分区，将记录分散在多个节点上面，通常分区的同时还要做复制。这样既提高了并行性能，又能保证没有单点失效的问题。

> 异步复制：和RAID存储系统不同的是，NoSQL中的复制往往是基于日志的异步复制。这样，数据就可以尽快地写入一个节点，而不会被网络传输引起迟延。缺点是并不总是能保证一致性，这样的方式在出现故障的时候，可能会丢失少量的数据。

> BASE：相对于事务严格的ACID特性，NoSQL数据库保证的是BASE特性。BASE所保证的是数据最终一致性，以及软事务。

NoSQL数据库并没有一个统一的架构，两种NoSQL数据库之间的不同，甚至远远超过两种关系型数据库的不同。可以说，NoSQL各有所长，成功的NoSQL必然特别适用于某些场合或者某些应用，在这些场合中会远远胜过关系型数据库和其他的NoSQL。

在NoSQL潮流中，最重要的莫过于Apache基金会的HBase。它是一个领导者，是一个典型的分布式文件系统，是一个开源系统。用户可以在不了解分布式底层细节的情况下，借助Hadoop开发分布式程序。其取得了成功，成为分布式数据处理界的巨兽。

第二位领导者，MongoDB，是一个成功的文档处理型数据库系统，它被称为"非关系式数据库中最像关系式数据库的产品"。MongoDB查询功能强大，特别适合高性能的Web数据处理。

Cassandra是这个领域中的另类产品，它兼有键值数据库和列值数据库两者的长处，它的查询功能很优秀。

最初，NoSQL破坏并引以为荣的特点是它不满足ACID(原子性、一致性、隔离性和持久性)，这是它的优点，也是其问题所在。

15.1.5 传统关系数据库迎来变革

大数据作为一个IT技术潮流，传统数据库厂商自然不会错过，传统数据库厂商陆续支持Hadoop。

"以不变应万变"不再是大数据时代应有的策略，老牌数据库厂商在保持传统市场领先的基础上，不断拓展新市场。

以Hadoop为例，传统数据库厂商纷纷推出各自的大数据解决方案，这其中涉及最多的就是Hadoop技术。

Oracle：Oracle公司在数据库领域一直处于领先地位，其旗下的Oracle数据库是一款最受欢迎的关系型数据库产品。Oracle公司更专注的是结构化的工具和RDBMS平台，但在过去的几年中，Oracle公司也开始走进大数据时代。事实也的确如此，Oracle公司意识到Hadoop在大数据处理方面的潜力，推出以Hadoop为基础的大数据机(Big Data Application)，其中包括开源Apache Hadoop、Oracle NoSQL数据库、Oracle数据集成Hadoop应用适配器、Oracle Hadoop装载器以及开源R，并与Cloudera

公司合作提供Apache Hadoop系列软件。现在，大数据作为Oracle云战略的基础设施·，提供安全、自动、弹性的服务交付的强有力的Hadoop平台，和现有oracle 数据库中的企业数据完全集成。

IBM：IBM是关系型数据库的创造者，对数据库的诞生和发展举足轻重，然而处在大数据的新时期，老牌关系型数据库也需要不断创新、迎接挑战。IBM推出的大数据云解决方案，强调数据库即服务和大数据分析，云平台IBM Bluemix包括Hadoop、spark、MongoDB、Redis、Elasticsearch 和 PostgreSQL 服务等一系列组件，通过新的路径解决大数据分析处理。

Microsoft：Microsoft作为全球知名的软件公司，在数据库领域的地位不容小觑。Microsoft SQL Server 2012引入Hadoop，帮助客户无缝存储和处理所有类型的数据，包括结构化、非结构化和实时数据。除此之外，Microsoft还将同时在Windows Azure平台和Windows Server上提供Hadoop，形成完整的大数据解决方案，能够把Hadoop的高性能、高可扩展与微软产品易用、易部署的传统优势融合到一起。

SAP：SAP公司是全球知名的企业管理软件供应商，自SAP收购Sybase以来，数据库成为其战略的一个重要基础设施。SAP将数据库技术作为重点发展领域之一，形成了以SAP HANA为核心，以SAP Sybase数据库为基础的大数据战略。在这一战略中，特别重要的一环就是Hadoop。通过SAP HANA和SAP SybaseIQ与Hadoop的集成，增强对Hadoop等大数据源的获取能力，并提供深度集成的预处理基础架构。

EMC Greenplum：EMC是全球知名信息存储服务提供商，与SAP相似，在2010年收购了Greenplum，开始发展其数据库市场。目前Greenplum的数据库产品包括传统的GreenplumDatabase和GreenplumHD(Hadoop)，前者用来应对企业结构化数据，后者可以将非结构化数据导入Greenplum中进行存储和分析。EMC在中国的市场战略，以"大数据推动业务转型"为核心，EMC之所以会推出GreenplumHadoop版本，是对Hadoop的未来发展前景充满信心。

除了支持Hadoop之外，传统数据库厂商还纷纷推出了各自的大数据解决方案，提供端到端的大数据服务和支持。

Oracle：Oracle推出Oracle大数据机(Big Data Appliance，简称BDA)和Exalytics商务智能服务器，再加上Oracle Exadata数据库云服务器，为用户提供一个端到端的大数据解决方案。在捕获和组织大数据的环节，Oracle提供了Oracle数据库、OracleNoSQL数据库、Oracle大数据机、Oracle大数据连接器和Oracle Data

Integrator。在大数据分析阶段，Oracle提供了Oracle Exadata数据库云服务器、Oracle Exalytics商务智能云服务器、Oracle数据仓库和Oracle高级分析等解决方案。

Microsoft：Microsoft大数据解决方案HDInsight是Azure 的 Hadoop 解决方案，并提供对 Storm、HBase、Pig、Hive、Sqoop、Oozie、Ambari 等的实现。HDInsight 还可集成商业智能(BI) 工具，例如 Excel、SQL Server Analysis Services 和 SQL Server Reporting Services。对于Windows Azure，用Microsoft自己的话说就是数据管理、数据扩充和洞察力。在数据管理层中其主要包括三款产品：SQLServer、SQLServer并行数据仓库和Hadoop on Windows。在数据扩充层，Microsoft提供的最重要的平台是Windows Azure Marketplace。从洞察力的层面，Microsoft提供了两款主要的产品，分别是Office Powerpivot和SharePoint PowerView。

IBM：IBM大数据包括非常丰富的产品线，并结合软件、硬件、咨询服务和研究的最新技术。IBM大数据解决方案包括"大数据平台"和"大数据分析"两个方面，其中"大数据平台"提供的是大数据管理和整合治理能力，"大数据分析"提供的是利用数据获取价值和洞察力的能力。

SAP：SAP实时数据平台整合SAP HANA和Sybase的一系列数据库，涵盖SAP SybaseIQ、SAP SybaseESP、SAP SybaseASE和SAP Enterprise Information Management等数据管理功能，为大数据的收集、存储、处理、消费等完整的信息生命周期提供支持。

15.1.6　NewSQL概念兴起

NewSQL是对各种新的可扩展/高性能数据库的简称，同时也指这样一类新式的关系型数据库管理系统，针对OLTP(读-写)工作负载，追求提供和NoSQL系统相同的扩展性能，这类数据库不仅具有NoSQL对海量数据的存储管理能力，还保持了传统数据库支持ACID和SQL等特性。NewSQL指对传统数据库厂商做出挑战的一类新型数据库系统。NewSQL厂商的共同之处在于研发新的关系数据库产品和服务，通过这些产品和服务，把关系模型的优势发挥到分布式体系结构中，或者提高关系数据库的性能到一个不必进行横向扩展的程度。

技术的繁荣，新的产品如雨后春笋般层出不穷，如Clustrix、ScaleArc(ScaleBase)、GenieDB、Schooner、VoltDB、RethinkDB、ScaleDB、CodeFutures、Translattice和

NUODB(NimbusDB)等。以Drizzle为例，这类技术都是基于mysql或postgresql之上重新进行架构设计，而每一款产品又有其自身满足特定场景的特点，至少在某些方面是这样，如满足云数据库的要求，而且必须找到一个这样能引发使用者兴趣，进而有可能替代其他产品的理由。

毫无疑问的是，newsql产品的出现，从某种程度上来讲，对传统数据库供应商势必选成一定的影响。但问题是问题领域的技术瓶颈对于传统数据库供应商来说，原本就不能完全解决，newsql算是应运而生，newsql带着改变而来，支持关系数据模型，使用SQL作为主要的接口，在基本特性的基础上，着力于如下技术方向的努力。

在架构设计方面，有两类设计模式，一类数据库系统工作在一个分布式集群的节点上，其中每个节点拥有一个数据子集，SQL查询被分成查询片段发送给自己所在的数据的节点上执行，数据库可以通过添加额外的节点来线性扩展。另一类数据库系统通常有一个单一的主节点的数据源。它们有一组节点用来做事务处理，这些节点接到特定的SQL查询后，会把它所需的所有数据从主节点上取回来，然后执行SQL查询，再返回结果。

高度优化的SQL存储引擎也是技术努力方向之一。这类系统提供了MySQL相同的编程接口，但扩展性比内置的引擎InnoDB更好。

Newsql不断地向人们传递着这样的理念，没有最好，只有更好，总有一款适合你。newsql光环是如此耀眼，但一定不能忽视mysql和postgresql在基础工作上的完美付出。

15.2　各类系统求同存异

无论是传统企业，还是引领技术潮流的大型网络公司，其数据库体系中都不可避免地共存着传统的结构化数据(如用户的标准信息、数据库元数据信息等)，也存在着图片、视频、文档或网页等非结构化数据，有数据的地方，就会有数据处理、数据管理、数据库及其技术，所以关系数据库与NoSQL数据库并存将是数据库技术发展的基本面。另一方面，关系数据库、NoSQL和NewSQL都充分认识到了对方的长处和客户需求，每一个新数据处理技术都在"拼命地集成"其他范围数据库中的特性。NewSQL系统实现NoSQL的核心特性，而NoSQL越来越多地试图实现"传统"数据库的功能：如支持SQL或在一定范围内"有保留地支持ACID，至少是可配置的持久化机制"。

可以肯定的是，无论是关系数据库的发展、NoSQL的强势展开、NewSQL的跃跃欲试，还是传统关系数据库大领军者进入NoSQL领域，大数据时代数据爆炸式增长的同时，数据库技术将变得更加强大、高效，也许不久的将来人们就不用再区分关系/非关系数据库了。

对于一个商业系统的解决方案，取决于其所处的场景，分而治之。大数据不能用传统方法处理，传统关系型数据库起源于OLTP功能，能够保证数据准确记录；而大数据是新的应用，是OLAP的体现，这也是关系型数据库不能满足大数据的原因。

15.3　数据库的发展展望

ICT技术的发展，造就了互联网技术的广泛运用，同时后者也加速推动IT技术的发展，越来越多的新型IT创新者加入到大数据的洪流中，少数的行业巨头垄断技术的时代已经过去，开源的精神也指明了一点，感谢SQL的发明者，让大家有一个统一思维的界面，NoSQL就像平静湖面上的一道旖旎，技术的进步总是螺旋式上升的，从单机到分布集群，从行式到列式存储结构，在大数据的背景下，传统数据库技术只是众多技术的一个分支，在历史事件中曾经鲜艳地绽放过，将来也会。问题领域永远都会OLTP、OLAP、BIGDATA共存，总在上演实时、交互、后分析协奏曲。

第 16 章

云计算与大数据的关系

云公司的云计算产品目前提供基于虚拟化的IaaS云环境，云CEO希望公司的大数据产品能平稳部署其上，小明认为必须先熟悉虚拟化技术及其优缺点才能分析出部署的优劣势。同时云公司想基于公司大数据产品来完善其云计算产品线的需求，看起来确实是一个诱人的发展方向。

16.1　虚拟化概述

16.1.1　什么是虚拟化

虚拟化是一个广义的术语，在计算机方面通常是指计算元件在虚拟的基础上而不是真实的基础上运行。虚拟化技术可以扩大硬件的容量，简化软件的重新配置过程。CPU的虚拟化技术可以单CPU模拟多CPU并行，允许一个平台同时运行多个操作系统，并且应用程序可以在相互独立的空间内运行而互不影响，从而显著提高计算机的工作效率。

虚拟化是一种经过验证的软件技术，它正迅速改变着 IT 的面貌，并从根本上改变着人们的计算方式。如今，具有强大处理能力的 x86 计算机硬件仅仅运行了单个操作系统和单个应用程序。这使得大多数计算机远未得到充分利用。利用虚拟化，可以在一台物理机上运行多个虚拟机，因而得以在多个环境间共享这一台计算机的资源。不同的虚拟机可以在同一台物理机上运行不同的操作系统以及多个应用程序。

虚拟化技术与多任务以及超线程技术是完全不同的。多任务是指在一个操作系统中多个程序同时并行运行，而在虚拟化技术中，则可以同时运行多个操作系统，而且每一个操作系统中都有多个程序运行，每一个操作系统都运行在一个虚拟的CPU或者虚拟主机上；而超线程技术只是单CPU模拟双CPU来平衡程序运行性能，这两个模拟出来的CPU是不能分离的，只能协同工作。

虚拟化是一个抽象层，它将物理硬件与操作系统分开，从而提供更高的 IT 资源利用率和灵活性。

虚拟化允许具有不同操作系统的多个虚拟机在同一物理机上独立并行运行。每个虚拟机都有自己的一套虚拟硬件(例如 RAM、CPU、网卡等)，可以在这些硬件中加载操作系统和应用程序。无论实际采用了什么物理硬件组件，操作系统都将它们视为一组一致、标准化的硬件。

16.1.2　虚拟化的好处

虚拟化的好处，如图16-1所示。

图16-1　虚拟化的好处

效率：将原本一台服务器的资源分配给了数台虚拟化的服务器，有效地利用了闲置资源，确保企业应用程序发挥出最高的可用性和性能。

隔离：虽然虚拟机可以共享一台计算机的物理资源，但它们彼此之间仍然是完全隔离的，就像它们是不同的物理计算机一样。因此，在可用性和安全性方面，虚拟环境中运行的应用程序之所以远优于在传统的非虚拟化系统中运行的应用程序，隔离就是一个重要的原因。

可靠：虚拟服务器是独立于硬件进行工作的，通过改进灾难恢复解决方案提高了业务连续性，当一台服务器出现故障时可在最短时间内恢复且不影响整个集群的运作，在整个数据中心实现高可用性。

成本：降低了部署成本，只需要更少的服务器就可以实现需要更多服务器才能做到的事情，也间接降低了安全等其他方面的成本。

兼容：所有的虚拟服务器都与正常的x86系统相兼容，他改进了桌面管理的方式，可部署多套不同的系统，将因兼容性造成问题的可能性降至最低。

便于管理：提高了服务器/管理员比率，一个管理员可以轻松地管理比以前更多的服务器而不会造成更大的负担。

通过实现 IT 基础架构的虚拟化，可以降低 IT 成本，同时提高现有资产的效率、利用率和灵活性。在全世界，各种规模的公司都享受着服务器的虚拟化带来的好处。数千家组织都在采用服务器虚拟化解决方案。

16.1.3　虚拟化分类

虚拟化的分类，如表16-1所示。

表16-1　虚拟化的分类

类型	代表产品
硬件分区	IBM/HP等大型机硬件分区技术
虚拟机 Virtual Machine Monitor	EMC VMware Mircosoft Virtual PC/Server Parallels
准虚拟机 Para-Virtualization	Xen Project
虚拟操作系统 OS Virtualization	SWsoft Virtuozzo/OpenVZ Project Sun Solaris Container HP vSE FreeBSD Jail Linux Vserver
容器技术	Docker

(1) 硬件分区技术。硬件分区技术如图16-2所示。硬件资源被划分成数个分区，每个分区享有独立的CPU、内存，并安装独立的操作系统。在一台服务器上，存在多个系统实例，同时启动了多个操作系统。这种分区方法的主要缺点是缺乏很好的灵活性，不能对资源做出有效调配。随着技术的进步，现在对于资源划分的颗粒已经远远提升，例如在 IBM AIX系统上，对CPU资源的划分颗粒可以达到0.1个CPU。这种分区方式，在目前的金融领域，比如在银行信息中心得到了广泛采用。

(2) 虚拟机技术。在虚拟机技术(Virtual Machine Monitor)中，不再对底层的硬件资源进行划分，而是部署一个统一的Host系统。在Host系统上，加装了Virtual Machine Monitor，虚拟层作为应用级别的软件而存在，不涉及操作系统内核。虚拟层会给每个虚拟机模拟一套独立的硬件设备，包含CPU、内存、主板、显卡、网卡等硬件资源，在其上安装所谓的Guest操作系统。最终用户的应用程序，运行在Guest

操作系统中，如图16-3所示。

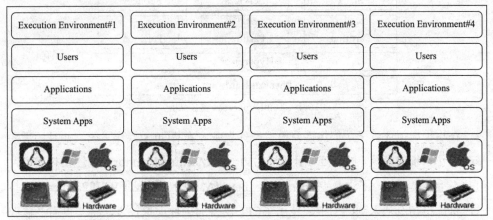

图16-2　虚拟化硬件区分

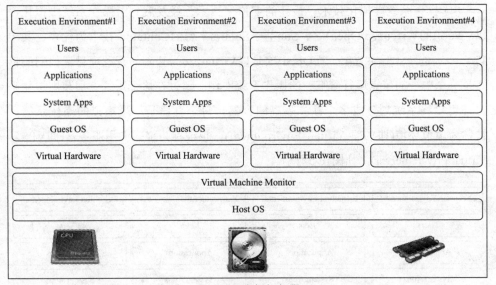

图16-3　虚拟机部署

这种虚拟机运行的方式有一定的优点，比如能在一个节点上安装多个不同类型的操作系统；但缺点也非常明显，虚拟硬件设备要消耗资源，大量代码需要被翻译执行，造成了性能的损耗，使其更合适用于实验室等特殊环境。

(3) 准虚拟机技术。为了改善虚拟机技术(Virtual Machine Monitor)的性能，一种新的准虚拟化技术(Para-Virtualizion)技术诞生了。这种虚拟技术以Xen为代表，其特点是修改操作系统的内核，加入一个Xen Hypervisor层。它允许安装在同一硬件设备上的多个系统同时启动，由Xen Hypervisor来进行资源调配(见图16-4)。

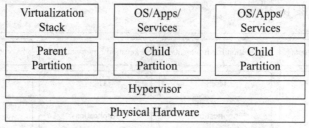

图16-4　Xen Hypervisor资源调配

在这种虚拟环境下，依然需要模拟硬件设备，安装Guest操作系统，并且还需要修改操作系统的内核。Xen相对于传统的Virtual Machine Monitor，性能稍有提高，但并不十分显著。为了进一步提高性能，Intel和AMD分别开发了VT和Pacifica虚拟技术，将虚拟指令加入到CPU中。使用了CPU支持的硬件虚拟技术，将不再需要修改操作系统内核，而是由CPU指令集进行相应的转换操作。

(4) 操作系统虚拟化技术。最新的虚拟化技术已经发展到了操作系统虚拟化，以SWsoft的Virtuozzo/OpenVZ和Sun基于Solaris平台的Container技术为代表，其中Virtuozzo是商业解决方案，而OpenVZ是以Virtuozzo为基础的开源项目。他们的特点是一个单一的节点运行着唯一的操作系统实例。通过在这个系统上加装虚拟化平台，可以将系统划分成多个独立隔离的容器，每个容器是一个虚拟的操作系统，被称为虚拟环境(即VE，Virtual Environment)，也被称为虚拟专用服务器(即VPS，Virtual Private Server)，如图16-5所示。

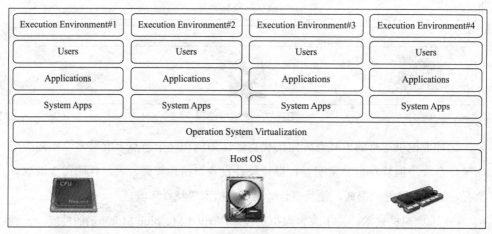

图16-5　虚拟专用服务器部署

在操作系统虚拟化技术中，每个节点上只有唯一的系统内核，不虚拟任何硬件设备。此外，多个虚拟环境以模板的方式共享一个文件系统，性能得以大幅度提升。在生产环境中，一台服务器可根据环境需要，运行一个VE/VPS，或者运行上百个VE/VPS。所以，操作系统虚拟化技术是面向生产环境、商业运行环境的技术。

(5) 容器虚拟化Docker。现在docker内部使用的技术是Linux容器(LXC技术)，运行在与它宿主机同样的操作系统上，准许它可以和宿主机共享许多系统资源，它也会使用AuFS作为文件系统，管理网络。AuFS是一个层状的文件系统，因此可以有一个只读部分和一个只写部分，二者结合起来，可以使系统的共同部分用做只读，那部分被所有容器共享，并且给每个容器自己的可写区域。

让我们假设目前容器镜像(image)容量是1GB，如果你想用一个完整的虚拟机来装载，需要的容量大小是1GB乘以需要虚拟机的数量。但使用Linux容器虚拟化技术(LXC)和AuFS，你可以共享1GB容量，如果你需要1 000个容器，假设他们都运行在同样的系统影像上，你仍然可以分配给容器系统比1GB多一点的空间。

Docker相比于完全的虚拟机，可以实现更多的基础资源共享，减少对资源的消耗。完整的虚拟机独享分配给它的全部资源，虽然在虚拟机之间获得了更强的资源隔离，但代价是资源难以共享。所以，完整的虚拟化系统对资源的需求是很庞大的(见表16-2)。

表16-2　容器技术与虚拟化技术比较

	容器技术	虚拟机技术
磁盘空间占用	小，甚至几十KB(镜像层情况)	非常大，1GB以上
启动速度	快，几秒钟	慢，几分钟
运行状态	直接运行于宿主机的内核上，不同容器共享同一个Linux内核	运行于Hypervisior上
并发性	一台宿主机可以启动成千上百个容器	最多几十个虚拟机
性能	接近宿主机本地进程	逊于宿主机
资源利用率	高	低

16.2　OpenStack云管理架构实现

16.2.1　云计算的定义

云计算技术是一种全新的计算模式，它利用互联网实现了随时随地、按需、快捷地访问共享资源池(如计算设施、存储设备、应用程序等)。云计算平台分为以下几层：物理设施、虚拟化、管理、服务提供，云平台通过虚拟化技术将物理设施进行虚拟化，进而提供一个可灵活伸缩的动态资源池，以提高物理设施资源的利用率。云平台中的管理层主要负责对物理设施资源和经过虚拟化技术抽象而成的虚拟资源池进行部署、监控、管理等，服务提供层则是调用管理层的一些功能提供某种形式的云服务。

云计算技术实现了硬件成本低、资源利用率高以及高可用性三大特征。云平台通常使用大量廉价服务器作为硬件设施，很大程度地降低了硬件成本；云环境中使用虚拟化技术把物理的计算资源虚拟成可分配的更小的单元，在相关分配调度策略管理下使资源得到更充分地利用。云平台内部通过虚拟化技术、虚拟机迁移技术、冗余技术等来实现数据存储和计算服务的高可用性。云计算一般具备如下特征。

➤ 超大规模。Google云计算已经拥有100多万台服务器。

➤ 虚拟化。支持用户在任意位置、使用各种终端获取应用服务。

➤ 高可靠性。"云"使用了数据多副本容错、计算节点同构可互换等措施来保证服务的高可靠性。

➤ 通用性。云计算不针对特定的应用，在不同行业的基础上有不同的应用。

➤ 高可扩展性。"云"的规模可以动态伸缩，满足应用和用户增长的需要。

➤ 按需服务。用户按需购买使用的接口。

➤ 较廉价。企业无须负担日益高昂的数据中心管理成本。

16.2.2 云计算的分类

云计算按照服务规模和范围可以分为公有云(Public Cloud)、私有云(PrivateCloud)和混合云(Hybrid cloud)三大类。

(1) 公有云。公有云是指云数据中心由云计算运营商提供，云平台运营商负责管理和维护所有的云平台基础设施，主要包括物理服务器、存储、网络等IT资源。公有云平台运营商会以服务的形式提供一些最典型的、大众化的、应用广泛的云服务。云用户不拥有资源，一般是将自己的软件及服务部署在公有云运营商的数据中心中通过技术手段隔离出来一个专用的计算环境，并通过VPN等安全通道与之相连接，云用户按使用量进行付费。公有云计算平台的开放性决定了它的安全威胁相对较高。

(2) 私有云。其又称内部云，是构建在企业防火墙内部的专有云平台，企业外部用户不能访问其云服务。相对公有云平台，企业对自己构建的云平台有完全的定制化能力，能更有效地进行访问安全、数据安全以及服务质量的控制等；但由于企业私有云成本较高，整个云平台的资源利用率相对低于公有云平台。

(3) 混合云。由于公有云安全威胁较高，私有云成本较高，这样就出现了介于公有云和私有云之间的一种解决方案——混合云。混合云是一种既能提供私有云计算服务，也能提供公有云计算服务的混合云计算平台。

云计算按照服务形式和类型可以分为基础设施即服务(Infrastructure as a Service，IaaS)、平台即服务(Platform as a Service，PaaS)和软件即服务(Software as a Service，SaaS)三大类。

(1) 基础设施即服务(IaaS)。云计算架构着重于用虚拟化技术屏蔽底层的硬件差异，并把物理资源虚拟化后再向用户提供各种公共的资源，这些资源包括计算、存储、网络、操作系统等资源。这正是IaaS基础设施架构所遵循的模型，除此之外它还在此基础上添加了按使用量计费等功能。IaaS的用户可以在其租用的平台上安装任意的操作系统和软件，但是用户并不能控制IaaS云平台底层的设备。

IaaS用虚拟化技术把底层庞大的异构硬件资源封装抽象成云数据中心、云服务机群等。对于这么庞大的机群资源，如何很好地分配、调度和使用以及如何做好负载均衡是摆在各大IT公司和各云计算研究机构面前的一个重大课题，如果能恰当地调度和分配，必将提高IaaS云平台的资源利用率、降低资源成本，达到绿色高效节能的目的。

目前国外典型的IaaS云服务平台有Amazon(亚马逊)公司云计算Amazon WebServices的EC2(Elastic Computing Cloud)弹性云和S3(Simple Storage Service)简单存储服务等。国内有阿里云公司、百度公司、腾讯公司、奇虎360公司等各大互联网巨头争相推出的云网盘、云主机、云服务器等IaaS服务。

(2) 平台即服务(PaaS)，PaaS是对资源的进一步抽象，它对云用户屏蔽了IaaS云平台的硬件基础设施以及操作系统等实现细节，云计算运营商向第三方开发人员提供应用程序的开发、测试和运行部署环境，第三方开发人员可以在PaaS云平台上开发供自己或其他用户使用的软件和服务。目前比较典型的PaaS平台有Google的GAE(Google App Engine)平台、微软的Windows Azure平台、阿里巴巴的阿里云引擎ACE(Aliyun Cloud Engine)等。

(3) 软件即服务(SaaS)，SaaS平台向云用户提供直接可用的各种软件服务，云用户不需要购买、安装和维护软件产品，只需要通过Internet从相关的SaaS云平台提供商那里获取所需要的具备某种功能的软件服务。目前SaaS云平台有著名的Salesforce.com公司的在线CRM(Customer Relationship Management)客户关系管理系统，国内阿里云的数据分析、营销推广等在线软件服务。

16.2.3　OpenStack资源管理实现框架

1. OpenStack概述

OpenStack是一个由Rackspac云解决方案公司和美国航空航天局(NASA)合作开发推出的经Apache2.0许可授权并以Python语言为基础的完全开源项目；该项目最初的设计目的是用来存储海量图片和空间视频等信息的云计算管理软件，然而，随着IaaS云计算平台需求的爆炸式增长，OpenStack迅速发展成一整套综合的开源云计算项目。OpenStack兼容几乎所有主流的虚拟化技术，包括KVM、Xen、VMware、ESX、QEMU、LXC、UML等，通过Libvirt虚拟层来对用户屏蔽底层实现，OpenStack的这种对虚拟化技术较全面支持的特点使它能够广泛地部署在多种场景中。与此同时，OpenStack完全支持Amazon AWS的EC2 API和S3 API，使得面向AWS开发的云应用可以实现无缝迁移。OpenStack的目标是以一个开放的开发模式打造一个庞大的云计算生态环境，并逐渐发展成为事实上的云计算行业标准。

OpenStack不局限于某个单一的云解决方案，而是一组不断成长和完善的云计算IaaS开源解决方案组件，这些组件相互协作共同形成了一个成熟而又强大的基础设施及服务的云堆栈。尽管OpenStack是IaaS平台的新来者，但以其出色的设计架构和良好的开放性迅速成为目前全球使用最广泛的IaaS云平台之一。

2. OpenStack的组成架构

OpenStack是一个开源的项目集合，是一个全球协作开发的面向公有云和私有云的标准IaaS云平台操作系统，它是在Apache许可授权下推出的免费的源软件。云服务供应商、中小企业以及政府部门等都可以使用OpenStack来构建自己需要的可灵活伸缩的云计算平台。OpenStack可通过三个核心项目组件来定义：计算服务模块(Compute Service)，对象存储服务模块(Object Storage Service)，镜像服务模块。OpenStack的各个服务模块都有一个相应的项目代号，如表16-3所示。

表16-3　OpenStack服务和代号

组件	项目名称	描述
Compute Service	Nova	计算服务
Object Storage Service	Swift	存储服务
Image Service	glance	镜像服务
Identity Service	keystone	认证服务
Networking Service	quantum	虚拟网络服务
Dashboard	Horizon	UI 服务

OpenStack各个组件之间的逻辑关系图如图16-6所示。

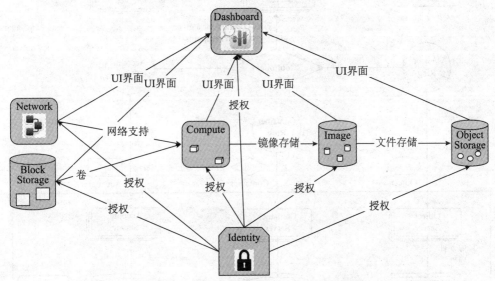

图16-6　OpenStack各个组件之间的逻辑关系

OpenStack计算服务组件(Nova)是OpenStack的弹性计算控制中枢，是其最核心的组件。Nova提供了跨物理机的云虚拟机实例(VM)管理，VM整个生命周期的各种动作(创建、停止、唤醒、重置、删除等)都由Nova来进行管理。除此之外，Nova还提供整个IaaS云平台的计算资源管理、网络管理以及授权管理等功能，不仅提供基于REST和兼容Amazon EC2的API接口，还支持基于消息的异步通信方式。

OpenStack存储服务组件(Swift)最初是由Rackspace云计算服务托管公司开发的高可用的分布式对象存储服务项目，该模块主要为Nova提供虚拟机镜像的存储服务。Swift构建在廉价标准的硬件存储基础设施之上，不需要采用磁盘冗余阵列(RAID)

等技术。它通过在软件层面上引入数据冗余技术和数据一致性散列技术(Consistent Hashing)，较少地牺牲一定的数据一致性，从而达到数据的高可用性和存储的可伸缩性。Swift同时支持多租户模式以及容器和对象读写操作，非常适合解决互联网中非结构化数据的存储问题。

Swift的存储架构采用了对称和面向资源的分布式方式。它的所有组件都可扩展，为了避免因点故障而影响整个系统的运转，它的通信方式使用能够显著提高系统吞吐能力和缩短系统响应时间的非阻塞式的I/O模式。Swift的系统架构图如图16-7所示。

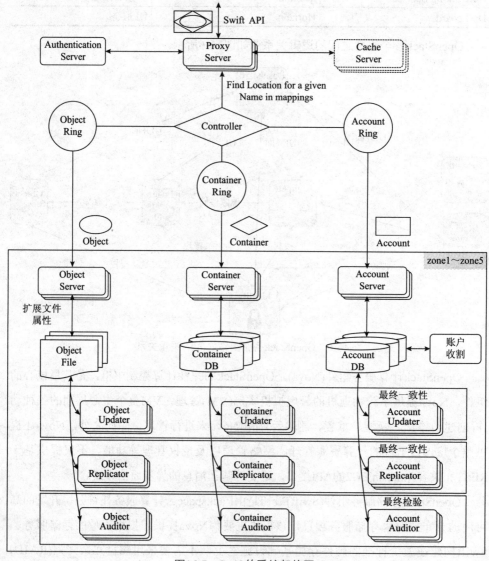

图16-7　Swift的系统架构图

OpenStack镜像服务组件(Glance)是一个集虚拟机镜像的注册、发现和检索功能的镜像管理项目，它为Nova提供了一个虚拟磁盘映像存储库。Glance提供关于注册这些磁盘映像文件的API接口，并通过简单的REST接口实现发现和交付。Glance并不关注虚拟磁盘映像文件的格式，因为支持各种标准，包括VHD(Hyper-V)、QCOW2(QEMU)、QC0W2(KVM)、VMKD(VMware)、VDl(VirtualBox)、Amazon镜像(AKI/ARI/AMI)以及各种基本格式。Glance同时支持镜像文件的校验功能、版本控制功能以及虚拟机磁盘的验证、审计和调试日志等。

Nova是OpenStack中最为复杂的核心分布式组件，它通过大量进程之间的相互协作，把云终端用户的API请求发送给云平台中正在运行的虚拟机。Nova中的主要组件包含：nova-api(API Server)、Message Queue server(消息队列)、nova-compute(运算节点)、nova-network(网络服务管理)、nova-volume(卷管理)、nova-scheduler(资源调度器)。这些组件可运行在同一台物理服务器上，也可单独运行在不同的物理服务器上。这些组件之间的通信及逻辑架构如图16-8所示。

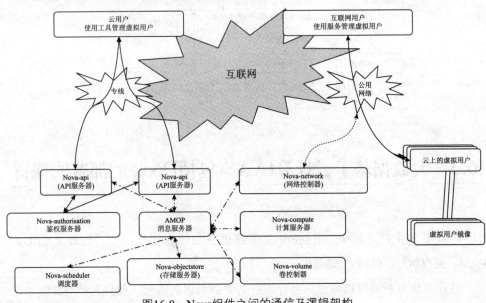

图16-8　Nova组件之间的通信及逻辑架构

(1) nova-api组件实现了RESTM API的功能，是外部组件访问Nova组件的唯一途径。nova-api负责接收来自外部的操作请求，再通过消息队列(Message Queue)把请求发送给其他组件，该组件同时兼容亚马逊的EC2API，因此云用户可以用EC2的管理工具来对nova进行日常管理工作。

(2) nova-compute组件是通常运行在计算服务器节点上的一个Worker守护进程，它通过Message Queue接收VM(虚拟机实例)生命周期的管理指令，并实施具体的行为操作，比如VM的创建操作、删除操作、迁移操作、Resize操作等。

(3) nova-volume组件一般运行在存储服务器节点，起到类似于Agent的作用，它主要执行Volume相关的功能，比如创建新卷、为虚拟机实例绑定或解绑卷等。

(4) Message Queue组件是命令集散地，OpenStack采用"shared-nothing，messaging-based"的架构，其内部的各个服务组件之间通过消息队列进行通信。任何Message Queue Server，只要支持AMQP(高级消息队列协议)，均可以作为Nova中各服务组件之间的通信管道。此外，为了提高用户体验，Nova采用了"回调"(call-back)机制发送消息。Nova在各组件之间的消息传递流程如图16-9所示。

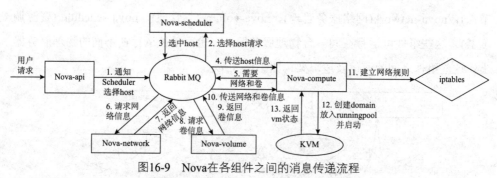

图16-9　Nova在各组件之间的消息传递流程

16.3　大数据基于云计算IAAS(包括Docker)部署的探讨

在大型的生产环境中，Hadoop集群部署在物理真实环境中，以保证CPU、RAM、磁盘I/O及网络的性能保障。

目前其也有在云虚拟环境下进行大数据集群部署的需求，业界也针对此需求进行了相关的探讨。

应该说，目前在云虚拟设备上搭建大数据环境类似于物理搭建环境，搭建环境相对简单，易于部署，但是性能会弱于纯物理机环境。

例如，对于一个24核CPU、128G内存、3T磁盘空间的小型机，完全可以虚拟化成4核CPU、20G内存、400G磁盘空间的6个虚拟机，这样一台小型机就可以非常方便地部署一个小型的Hadoop集群，非常便捷地对系统的基本功能进行验证与测试。

但是我们需要认识到，对于一个实际商用的大型Hadoop集群，将有大量的任务在该集群上运行，需要大量的网络资源和IO操作资源。在部分场景下，每个文件甚至会复制两次以上，如果磁盘IO性能过低，整个集群的效率将急剧下降，甚至不可用。

所以，对于大型商用Hadoop集群，特别是高I/O应用的集群，如果部署在云虚拟设备上，将需要满足较多约束，否则集群的效率将很难保证。

在云部署条件下，需要重点考虑集群节点的配置是否能匹配业务运行的需求，需考虑的配置包括CPU、RAM、磁盘和网络环境等。但在云环境中，虚拟机的资源是受限的，例如磁盘的容量也很难保证到一个比较高的水平，也很难对IO性能做出承诺。如果通过绑定资源的方式来解决此问题，则此处的虚拟机与实际物理设备在概念上已经差别不大。

当前业界对于大数据在虚拟化/Docker上的部署方案已经做了较多的尝试，但每种方案都有各自的局限(限于篇幅，本书不在此进行详细讨论)，并且对于大规模的商用化部署尚未有成熟的应用案例。相信随着技术的发展，特别是随着硅光互联技术的发展和成熟，未来的云计算技术将打破服务器机箱、机柜的限制，将CPU、内存、存储、网络资源等解耦成相互独立的资源池。未来通过池化资源按需组装的虚拟机，在各类性能上将与物理机几乎无差别，届时大数据全面部署在云计算环境下将不再存在障碍与局限。

后记 :::: Postscript / / / / / /

　　小明站在楼顶眺望楼下的灯火。他知道，大数据的知识就如同楼下浩瀚的霓虹，每时每刻都在变换，他的团队唯有不懈地努力学习，才能跟上这个变幻的大时代。

　　小明知道，这几个月的学习与实践，他的团队只是掌握了大数据的梗概知识。这些梗概知识，虽然离一个真正架构师所需掌握的知识还有相当遥远的距离，但这些知识就如同都市霓虹海洋中的那几条主干道，可以帮助团队在后续学习与工作中不会迷失，而会向着正确的方向前进。

　　是的，他的团队还很稚嫩，但他们已经做好了攀登高峰的准备。剩下的，就是时间与经验的磨砺，以及不懈地学习与坚持。